高混凝土坝－地基体系
抗震高性能数值模拟
与工程应用

郭胜山　梁　辉　著

中国电力出版社
CHINA ELECTRIC POWER PRESS

内 容 提 要

本书共分为四大部分：第 1 章主要介绍高混凝土坝抗震的背景与意义、典型震害，以及国内外研究现状；第 2～5 章分别介绍了高混凝土坝抗震分析模型中涉及的动力学方程时域数值计算方法、黏弹性人工边界及其地震动输入、基于拉格朗日乘子的动接触模型、混凝土与基岩材料非线性模型等；第 6 章介绍了高坝抗震高性能并行计算方法和软件研发以及"天河一号"超级计算机及其运行环境；第 7 章介绍了具有代表性的高重力坝和高拱坝抗震分析及安全评价实例。

本书可供从事混凝土坝抗震设计与研究的相关科技工作者和研究生阅读。

图书在版编目（CIP）数据

高混凝土坝–地基体系抗震高性能数值模拟与工程应用 / 郭胜山，梁辉著. —北京：中国电力出版社，2020.12
ISBN 978-7-5198-4983-2

Ⅰ. ①高⋯　Ⅱ. ①郭⋯②梁⋯　Ⅲ. ①混凝土坝–抗震–数值模拟　Ⅳ. ①TV642

中国版本图书馆 CIP 数据核字（2020）第 178139 号

出版发行：中国电力出版社
地　　址：北京市东城区北京站西街 19 号（邮政编码 100005）
网　　址：http://www.cepp.sgcc.com.cn
责任编辑：王晓蕾（010-63412610）
责任校对：黄　蓓　李　楠
装帧设计：赵姗姗
责任印制：杨晓东

印　　刷：北京博图彩色印刷有限公司
版　　次：2020 年 12 月第一版
印　　次：2020 年 12 月北京第一次印刷
开　　本：787 毫米×1092 毫米　16 开本
印　　张：8.75
字　　数：212 千字
定　　价：68.00 元

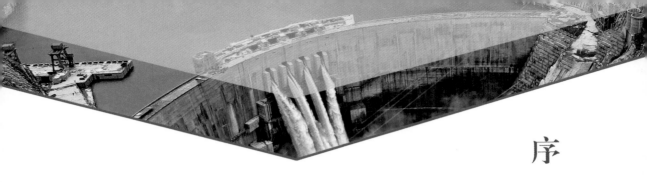

序

我国是世界上遭受地震灾害最为严重的国家之一，全国约 80% 的水能资源都集中在西部高地震区。目前，在西部已建设了一系列在社会经济发展中具有无可替代作用的高坝，其中，300m 级的高坝，大多为混凝土拱坝。这些高坝面临抗震安全问题挑战，而高坝大库一旦发生地震灾变，将导致严重次生灾变后果。因此，防止遭遇极端地震时高坝大库的地震灾变是抗震防灾的重中之重。

混凝土高坝，尤其是高拱坝是复杂的空间结构，其地震响应分析需要计入坝体－地基－库水的动态相互作用、坝体伸缩横缝开合的接触非线性、远域地基能量逸散、近域地基的复杂地形和地质构造、坝体和地基岩体材料的非线性、沿坝基地震动的不均匀输入，以及坝肩潜在滑动岩块的动态稳定性等复杂问题。限于以往技术水平和基于中小工程经验的传统概念和方法，已不能切合工程实际和反映高坝薄弱部位隐患，难以保障复杂的 300m 级混凝土高坝的抗震安全。基于此迫切需要敢于突破传统，开拓新的思路，采用新的技术途径来改善这些问题。近十年来，我国在混凝土高坝建设中积累的丰富工程经验和密切结合工程实际应用高新技术的科研工作中，取得的显著进展，也为此创造了条件。对此，中国水利水电科学研究院混凝土坝抗震研究团队，在相关部门的支持和有关设计、工程、科研和高校等单位的协作下，为混凝土高坝的抗震安全，进行了诸多开创性的工作。

本书作者在参与团队的共同努力中，取得了显著成绩。尤其在自主研发高坝地震非线性响应并行计算软件（PSDAP）、应用"天河一号""神威·太湖之光"等超级计算机的远程"云计算"等方面，做出了巨大贡献。他们成功开展了千万自由度的坝体－地基－库水体系的超大规模地震动态损伤破坏过程模拟，突破了高混凝土坝动力非线性计算中由于规模过大难以实现的瓶颈。其成果成功应用于白鹤滩、溪洛渡等国内外近 20 座高混凝土坝工程抗震安全评价中，获得了多项奖励。

本书较为系统全面地阐述了高混凝土坝时域动力非线性分析的计算模型，内容包括动力学方程时域数值计算方法、黏弹性人工边界及其地震动输入、基于拉格朗日乘子的动接触模型、混凝土与基岩材料非线性模型、钢筋与混凝土相互作用等方面，同时给出了工程应用的实例。全书紧密结合工程实际，内容翔实系统、论述清晰明确，兼具学术与应用价值，可以为从事混凝土坝工程建设的设计、科研人员及高校有关专业的师生提供参考。

中国工程院院士 陈厚群

2020 年 11 月

前　言

我国在西部强地震区建设了一系列高混凝土坝，其可能发生的重大地震灾变的评估问题深受社会关注。近年来，随着我国混凝土坝工程实践的增多，混凝土坝抗震学科得到了迅速发展，主要体现了以下三个特点：从封闭的振动体系到开放的波动体系，从线性到非线性分析，从串行计算到并行计算。

陈厚群院士领军的中国水利水电科学研究院混凝土坝抗震研究团队长期以来针对坝址地震动输入、大坝混凝土动态特性、大坝抗震分析、大坝抗震安全定量评价准则等开展了一系列的研究和工程实践。本书是结合近年来在大坝抗震分析和大坝抗震安全定量评价准则方面的发展编写的。本书在编写过程中，力求做到既有一定的理论性，又具有实用性。在介绍理论模型时，结合了数值分析方法给出了相应求解步骤，并结合混凝土坝抗震分析的强度以及稳定问题，针对重力坝和拱坝给出了相应工程实例，可供从事混凝土坝抗震设计和分析的工程人员、科研人员和研究生参考。

本书共分为四大部分：第 1 章主要介绍高混凝土坝抗震的背景与意义、典型震害，以及国内外研究现状；第 2～5 章分别介绍了高混凝土坝抗震分析模型中涉及的动力学方程时域数值计算方法、黏弹性人工边界及其地震动输入、基于拉格朗日乘子的动接触模型、混凝土与基岩材料非线性模型等；第 6 章介绍了高坝抗震高性能并行计算方法和软件研发以及"天河一号"超级计算机及其运行环境；第 7 章介绍了具有代表性的高重力坝和高拱坝抗震分析及安全评价实例。

本书中的研究工作得到了国家重点研发计划项目（2017YFC0404903）、国家自然科学基金项目（51709283）的支持。

承蒙陈厚群院士百忙之中拨冗作序，对本书的撰写给予了许多鼓励和指导。中国电力出版社王晓蕾老师为本书的编辑付出了辛勤劳动。本书工程实例的基础资料，由相关工程设计单位提供，在此对上述单位和人员表示感谢！书中许多成果是在研究团队共同协作下完成，作者在此一并表示诚挚谢意。

由于作者水平有限及高混凝土坝抗震研究的复杂性，书中难免存在不足和不妥之处，敬请读者批评指正。

著　者

2020 年 11 月于北京

目　录

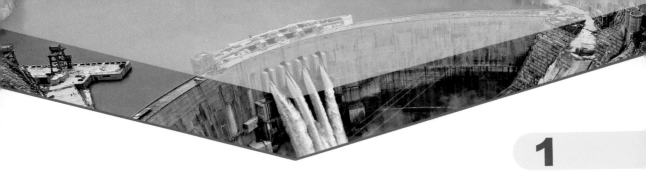

1

概　述

1.1　背景与意义

　　水和能源及其对环境影响是我国经济发展和改善环境的制约因素，水能是水资源的重要组成部分及其开发利用的重要内容。我国水能资源位居世界首位，特别在西部水能资源和江河源头集中地区，修建高坝大库工程是有序合理开发和利用水资源，实现节能减排的重要工程手段，是我国重要的基础设施和国家能源战略体系的重要组成。

　　我国地处环太平洋地震带和地中海－喜马拉雅山地震带之间，地质构造规模宏大并且复杂，因此我国的中、强地震活动频繁、强度大、震源浅、分布广，灾害十分严重。当前水利水电建设重点所在的西部地区，更是高地震烈度区，发生强震的可能性和频度较大。当前修建于该地区的高坝设计地震加速度都很高，其抗震安全是我国水资源开发中无法避让和必须面对的严重挑战。在目前地震预测预报在全世界范围都尚未得到解决的情况下，高坝大库遭受强烈地震严重损害所造成的次生灾害后果不但会给工程业主带来巨大经济损失，更为严重的是，由此产生的对国民经济和国内外的政治影响都是不堪设想的。因此，确保强震区高坝的抗震安全，是关乎国家防灾减灾战略目标实现、确保国家公共安全的重大问题。

　　近年来，随着我国高混凝土坝的建设，高混凝土坝抗震研究有了显著进展。结合国家及行业重点科技攻关项目、国家自然科学基金项目以及一批高混凝土坝抗震设计的需要，我国相关单位开展了大量研究工作，取得了许多研究成果，为高混凝土坝抗震设计提供了技术支撑。然而，由于地震作用的不确定性以及在地质条件、大坝结构、大坝混凝土材料等方面的复杂性，仍有许多问题需要研究解决。因此，开展高混凝土坝抗震安全研究，确保其不发生严重的地震灾变，是当前我国强震区水利水电工程建设的迫切要求，对确保行业以及国家经济可持续发展，保障国家公共安全，实现国家节能减排和改善生态环境目标的需要都具有十分重大意义。

1.2　典型重力坝和拱坝震害

　　实践是检验真理的唯一标准。高坝抗震问题来源于工程实际，因此高坝抗震学科也要能够经受住实践的检验，并在实践的检验中不断发展。所以要紧抓经受强震的高坝震例不放，认真搜集资料，深入分析总结，突破创新，并在震例中接受检验，以便更准确地预测高坝工程地震反应，采取有效抗震措施，更好地满足工程需求，推动学科发展。

在已有的重力坝强震震例中，柯依那（Koyna）重力坝震例是受损比较严重且记录较为完整的百米级高坝震例。柯依那重力坝位于印度马哈拉施特拉邦（Maharashtra），建成于 1963 年，材料为块体混凝土，坝长 853m，最大坝高 103m，坝顶宽度 14.8m，底宽 70.2m，库容 27.97 亿 m³。坝址地质条件主要是块状玄武岩。1967 年，在大坝下游 3km 处发生了 6.5 级地震，震源深度为 9.1～20.9km，地震发生时库内水深 91.75m。安装在靠近右岸坝肩廊道中的加速度计记录到了强烈的地震运动，横河向的峰值加速度为 0.63g，顺河向为 0.49g，竖直向为 0.34g。坝体下游折坡处高程附近上下游出现了大量水平裂缝，并且在下游折坡处发现渗流量明显增加。在坝体廊道钻孔取芯，发现混凝土与基岩胶结良好，未发现坝基交界面开裂迹象。坝基监测扬压力小于设计值。图 1.1 所示为柯依那大坝震害图，图 1.2 所示为柯依那大坝震后预应力锚索加固图，图 1.3 所示为柯依那大坝震后下游支墩加固图。

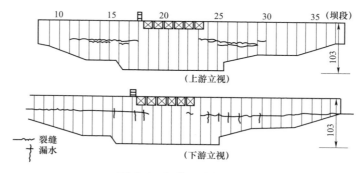

图 1.1　柯依那大坝震害

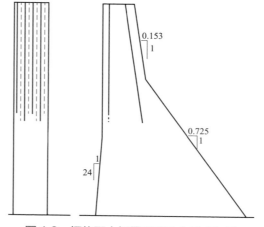

图 1.2　柯依那大坝震后预应力锚索加固

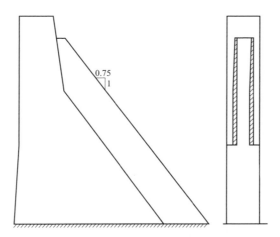

图 1.3　柯依那大坝震后下游支墩加固

在已有的拱坝强震震例中，帕柯依玛拱坝（Pacoima）是先后两次经历过强震且记录比较完整的百米级拱坝。帕柯依玛拱坝位于美国加州洛杉矶东北方向约 7km 处，于 1929 年建成，坝高 110m，是当时美国的最高坝。帕柯依玛拱坝分别遭遇了 1971 年 2 月 9 日圣费尔南多和 1994 年 1 月 17 日北岭两次强烈地震。1971 年发生的 6.6 级圣费尔南多地震，震中距坝址 8km，地震时水位距坝顶 45m。左坝肩距离坝顶 15m 处得到水平 1.25g，竖向 0.7g 的最大加速度记录。地震造成左坝肩下游处的岩体错动多达 20cm，左岸支墩的构造缝张开了 1cm。1976 年，为提高左岸坝肩岩体的稳定性打了 35 根后张式锚索。1994 年发生的 6.8 级北岭地震，震中距坝址 17.7km，地震时水位距坝顶 40m。左岸支墩岩体错动了近 50cm，最终 35 根锚索限制了岩体的进一步滑动。左岸邻近坝肩的一条构造横缝因下游推力墩的错动而产生了约 5cm 残留张开，缝的底部约为 0.5cm。帕柯依玛拱坝的其他横缝在地震中张开，但地震后均自然闭合。同时邻近支墩坝段上有一些裂纹产生。在同一区域距坝顶 15m 处有 1～1.5cm 的水平错动，坝体上部向下游移动。右岸基本没有明显损伤。图 1.4 所示为帕柯依玛拱坝右岸震害图，图 1.5 所示为帕柯依玛拱坝左岸震害图。地震中坝顶上所有测点的强烈震动均超出了强震仪的量程，只在坝基、左坝肩得到了完整的记录。在帕柯依玛拱坝左坝肩记录到的水平向峰值加速度为 1.58g，竖向为 1.2g。坝基的水平向峰值加速度为 0.43g。

陈厚群总结分析了帕柯依玛拱坝震例对高拱坝抗震的启示，主要包括以下几点：

（1）地震动不均匀输入。帕柯依玛拱坝两岸实测加速度波显示，左右岸坝基的地震动在幅值和相位上有明显差别。因此，必须考虑沿坝基不均匀输入对拱坝地震响应的影响。

（2）拱坝坝肩稳定的重要性。帕柯依玛拱坝在两次强震中的损害，主要都是由于左岸的不良岩体引起，显示了其规律性。因此，在拱坝抗震分析模型中，必须考虑坝肩岩体对拱坝的影响。由于地震波的动力放大效应，拱坝上部坝肩是抗震薄弱部位，须引起重视。

图 1.4 帕柯依玛拱坝右岸

图 1.5 帕柯依玛拱坝左岸

（3）坝体与地基动态变形耦合。帕柯依玛拱坝左坝肩部位坝体、重力墩、岩体之间动态变形耦合作用明显。基于静力概念的刚体极限平衡无法反映这一动态耦合效应。因此，拱坝抗震分析中须将坝体与地基统一在一个模型中进行考虑，既包括了坝体对地基变形的影响，又包含了地基变形对坝体的影响。

（4）横缝开合接触非线性。帕柯依玛拱坝各坝段间的横缝都呈现出强震过程曾开合过的明显迹象。将拱坝视为整体结构进行分析产生的拱向拉应力因为横缝的张开而释放掉。因此，在拱坝抗震分析模型中，不能将坝体视为整体结构，必须考虑横缝的开合效应。

（5）坝基交界面未发生明显张开。震后对坝体钻孔取芯，并未发现坝体和基岩接触面有相对位移。进一步勘测表明，地基岩体中发现新的裂缝和原有裂隙的张开，表明地基在地震作用下有较大的扰动。

1.3 国内外研究现状及发展动态

高混凝土抗震研究尤以高拱坝抗震研究最为活跃，涉及的相关方法对重力坝同样适用。高拱坝-地基-库水系统地震反应是国内外高混凝土坝抗震研究的主要内容，围绕辐射阻尼效应与非均匀地震动输入、库水与坝体的相互作用、坝体横缝开合的边界非线性、坝体混凝土损伤开裂的材料非线性、坝体-坝肩的动力稳定性等关键问题开展研究。下面就涉及的几个关键问题研究进展进行归纳总结。

1. 辐射阻尼效应与非均匀地震动输入方面的研究进展

张楚汉、赵崇斌等采用无限元地基模型研究了二滩拱坝和李家峡拱坝的地震动力响应，发现考虑地基辐射阻尼能够显著降低坝体反应。乔普拉（Chorpa）、多明格斯（Dominguez）采用有限元－边界元方法在频域内研究了拱坝地基体系的动力反应。为了能在非线性系统中考虑辐射阻尼，张楚汉、金峰等采用了有限元－边界元－无限边界元方法，这是一种全局人工边界，能反映坝体横缝接触非线性，用边界元和无限边界元求解地基频域动力刚度时，由于采用频域方法不能考虑近域地基中各种节理断层的非线性。为了能同时考虑坝体和地基的非线性，涂劲、陈厚群等将透射人工边界引入拱坝地基体系地震分析中，模型中增加了与应变速度成正比的黏性阻尼方法以消除透射边界的高频失稳。人工透射边界由廖振鹏及其合作者提出并逐步发展起来的一种位移型人工边界。透射边界具有二阶精度，但有限元计算模型中要额外增加一定规模的人工节点，造成计算规模过大，且存在稳定性问题。陈厚群、张伯艳、杜修力将黏弹性人工边界引入到拱坝地震分析中。黏弹性人工边界是一种应力型人工边界，不但可以模拟地基对散射波能量的吸收，还能模拟人工边界外部介质的弹性恢复功能，具有一阶精度，物理概念清楚，形式简单，且不存在稳定性问题。为了适应复杂不均匀地基的动力相互作用分析，钟红、林皋在时域求解中发展了阻尼抽取法，并应用于拱坝计算中。

2. 库水与拱坝坝体相互作用方面的研究进展

乔普拉等开展了库水与拱坝坝体动力相互作用方面的研究，根据计算分析结果指出，不考虑库水可压缩性可能会显著低估拱坝动水压力的大小［例如蒙蒂塞洛（Monticello）拱坝］，也可能会显著高估动水压力的大小［例如莫罗波因特（Morrow point）拱坝］。赵兰浩、李同春等采用不同库水模型对高拱坝动力响应进行分析，认为附加质量模型和忽略水体的可压缩性将过分夸大库水对坝体的作用。加纳特（Ghanaat）和陈厚群等在中美合作项目中对龙羊峡拱坝进行实测和分析后认为计入库水可压缩性后必须引入库底边界的反射系数 α，实际上是十分复杂和难以确定的。陈厚群认为由于我国多泥沙的河流在库底的淤沙，不大可能发生可压缩库水的固定边界的共振现象，因而库水可作为不可压缩性流体，坝面的动水压力就可作为附加质量考虑。林皋等[19]采用比例边界有限元考虑库水可压缩性和水库边界对波的吸收作用，结果表明水库岸坡和库底的吸收作用（反射系数 α 表示）对动水压力的幅值影响较大。

3. 拱坝横缝开合方面的研究进展

帕柯依玛拱坝在 1971 年和 1994 年两次地震中都经历了横缝张开，引起了研究者的重视。克拉夫（Clough）通过振动台试验对拱坝的横缝张开现象进行了研究。道林（Dowling）提出以无限大的抗压刚度，零抗拉刚度的非线性弹簧单元应用于拱坝横缝动力分析。芬维斯（Fenves）采用 Goodman 单元模拟横缝并结合动态子结构方法开发了拱坝分析专用程序 ADAP88。陈厚群、李德玉等改进了 ADAP88 程序，同时考虑了横缝的切向滑移，并通过大型振动台动力模型试验对计算结果进行验证。张楚汉、徐艳杰等在ADAP88 程序的基础上考虑了横缝配筋对拱坝动力响应的影响。徐艳杰等以小湾拱坝为例，对横缝模拟间距、模拟条数、灌浆强度进行了研究，得出一系列有意义的结论。刘（Lau）等在 ADAP88 程序的基础上在接触模型上引入弹塑性力学计算方法，分析了横缝切向错动对拱坝动力响应的影响。杜成斌等用可以考虑拱坝横缝的张开、闭合、错动以及有无初始应力等复杂受力状态的非线性联结单元研究了有横缝拱坝的地震响应。涂劲、陈厚群等将刘晶波提出的动接触力模型扩充至三维问题应用于拱坝横缝研究。郭永刚、涂劲等研究了小湾拱坝通过布置横缝抗震钢筋、阻尼器有效减小了横缝上游张开度，并对抗震钢筋布置方案开展了研究。陈健云等采用加布西（Ghaboussi）提出的无厚度六面体等参单元模拟了小湾拱坝横缝动力非线性。林皋等将非光滑方程组方法应用到动力接触问题上，并且近似满足动力碰撞中动量与动能守恒条件，模拟了拱坝横缝开合错动。龙渝川等比较了接触单元模型与接触边界模型在拱坝横缝中的应用，得出两种模型模拟结果基本一致的结论。赵兰浩等提出采用有限元混合法求解接触摩擦问题，模拟拱坝横缝开合错动。李静等采用考虑局部切向约束接触问题的直接刚度法，分别分析了考虑键槽与不考虑键槽作用下小湾、溪洛渡拱坝的横缝张开度。艾哈迈迪（Ahmadi）、阿拉布沙希（Arabshahi）提出在弹塑性力学的框架下引入罚函数法模拟横缝在地震作用下的张开和滑移。江守燕等在 Abaqus 程序上进行二次开发引入非线性弹簧模拟拱坝横缝键槽的作用。郭胜山等采用拉格朗日乘子法研究了分缝自重与整体自重下对拱坝横缝开度和应力的影响。

4. 拱坝坝体损伤研究方面的研究进展

程恒和张燎军采用混凝土损伤模型和基岩材料摩尔－库仑模型研究了地震作用下拱坝的损伤破坏。杜荣强、林皋等采用弹塑性损伤模型研究了大岗山拱坝的地震损伤破坏。埃斯潘达尔（Espandar）等和米尔扎博佐（Mirzabozorg）等分别采用非正交弥散裂缝模型和弥散裂缝模型研究了拱坝的地震破坏。钟红等采用损伤模型和混凝土的非均质性研究了大岗山拱坝的地震损伤破坏。张社荣、王高辉等采用混凝土弥散裂缝模型研究了地震动超载时某重力拱坝的塑性区、坝体开裂破坏。奥米迪（Omidi）等采用塑性损伤模型研究了伊朗沙希德拉贾（Shahid Rajaee）拱坝的地震损伤开裂。阿伦巴盖里（Alembagheri）等采用损伤模型研究了不同地震水平下莫罗波因特拱坝的损伤破坏。哈里亚德比利（Hariri－Ardebili）等采用弥散裂缝模型研究了拱坝的地震损伤破坏。上述研究中忽略了地震作用下横缝张开对拱向应力的释放作用，不能反映拱坝实际的地震破坏模式。

5. 拱坝坝体横缝开合与坝体损伤耦合的研究进展

洛菲（Lotfi）等基于非正交弥散裂缝模型和横缝接触模型模拟了位于伊朗的某拱坝地震损伤破坏。奥米迪等基于塑性损伤模型并考虑了横缝和周边缝模拟了伊朗某拱坝的地震损伤破坏。洛菲和奥米迪的研究中沿坝体厚度方向设置了 2 层单元且忽略了地基辐射阻尼效应。哈里亚德比利等考虑了横缝接触非线性、坝体损伤、坝体－地基－库水相互作用模拟了伊朗某拱坝的损伤破坏。潘坚文等采用耦合横缝接触非线性和混凝土塑性损伤模型研究了大岗山拱坝的地震损伤破坏。陈厚群、郭胜山等采用耦合横缝非线性和混凝土损伤模型，并考虑地基岩体的非线性对沙牌拱坝震情进行验证分析。王进廷等耦合横缝接触非线性和混凝土塑性损伤模型对帕柯依玛拱坝进行坝体地震损伤易损性分析。

6. 坝肩稳定方面的研究进展

坝肩稳定对拱坝抗震安全至关重要，帕柯依玛拱坝 1971 年和 1994 年两次震害已经表明拱坝两岸坝肩是拱坝抗震的薄弱部位。张伯艳等将传统用于块体稳定分析的刚体极限平衡方法和有限元计算分析相结合，利用有限元求出坝体作用在坝肩块体的拱推力，然后根据刚体极限平衡法求出坝肩块体的抗震稳定安全系数时程。莫斯塔菲（Mostafaei）等利用线弹性有限元时程和刚体极限平衡计算了块体抗滑稳定的安全系数时程，研究了坝肩块体的稳定性。乔普拉等认为对于动力分析，刚体极限平衡法仅适用于初步设计，不能反映地震力的方向和大小随时间变化。陈厚群认为传统的坝体滑动失稳是一个超越极限状态后，沿滑动面变形增长和局部开裂的发展过程。在往复的地震作用下，瞬间达到极限平衡状态，由于往复地震作用方向的交变，并不一定导致高坝体系的最终失稳。涂劲、李德玉等将高拱坝－坝肩滑块－地基体系作为整体进行研究，以坝肩滑块接触面的滑移来研究地震作用下锦屏一级拱坝、大岗山拱坝、溪洛渡拱坝坝肩稳定。李同春、朱寿峰等将块体、地基、坝体和库水作为一个统一体系进行动力分析计算，根据块体上接触点对的屈服情况对屈服面积进行整理，采用屈服面积来进行安全评价坝肩块体的稳定。泽茨（Zenz）等和米尔扎博佐（Mirzabozorg）等通过建立拱坝－坝肩－地基体系采用接触模型研究了卢佐恩（Luzzone）拱坝的坝肩稳定。在泽茨（Zenz）等的模型中采用无质量地基模型，考虑了坝肩岩体的质量，接触模型中仅考虑了摩擦角，忽略了黏聚力。

2

动力学方程时域数值计算方法

2.1 引言

混凝土坝在经受地震时，可能进入非线性状态，包括各类缝的张开和滑移以及坝体出现开裂等，基于叠加原理的频域方法不再适用，时域分析方法在混凝土坝抗震分析中广泛引用。动力学方程在时域上数值求解按是否需求解耦联的方程组分为隐式方法和显式方法，分别对应两种常用的方法，即时域逐步积分法 Newmark$-\beta$ 法和中心差分法。

2.2 隐式方法

有限元离散后的动力学方程：

$$M\ddot{U} + C\dot{U} + KU = F \tag{2.1}$$

其中，M 表示质量矩阵，C 表示阻尼矩阵，K 表示刚度矩阵，F 表示外荷载向量。$\ddot{U}$ 表示加速度向量，$\dot{U}$ 表示速度向量，U 表示位移向量。

采用 Newmark$-\beta$ 法将时间离散化，假定时间点 t_n 和 t_{n+1} 之间的加速度是介于 $\ddot{U}_n$ 和 $\ddot{U}_{n+1}$ 之间的常量 A，由两个参数 γ 和 β 控制，表示为：

$$A = (1-\gamma)\ddot{U}_n + \gamma\ddot{U}_{n+1} \tag{2.2}$$

$$A = (1-2\beta)\ddot{U}_n + 2\beta\ddot{U}_{n+1} \tag{2.3}$$

通过在 t_n 到 t_{n+1} 时间段 dt 上积分，时间点 t_{n+1} 的速度和位移为：

$$\dot{U}_{n+1} = \dot{U}_n + \mathrm{d}tA \tag{2.4}$$

$$U_{n+1} = U_n + \mathrm{d}t\dot{U}_n + \frac{1}{2}\mathrm{d}t^2 A \tag{2.5}$$

分别将式（2.2）和式（2.3）代入式（2.4）和式（2.5），可得到时间点 t_{n+1} 的加速度和速度：

$$\ddot{U}_{n+1} = \frac{1}{\beta\mathrm{d}t^2}(U_{n+1} - U_n) - \frac{1}{\beta\mathrm{d}t}\dot{U}_n - \left(\frac{1}{2\beta}-1\right)\ddot{U}_n \tag{2.6}$$

$$\dot{U}_{n+1} = \frac{\gamma}{\beta \mathrm{d}t}(U_{n+1} - U_n) + \left(1 - \frac{\gamma}{\beta}\right)\dot{U}_n + \left(1 - \frac{\gamma}{2\beta}\right)\ddot{U}_n \mathrm{d}t \qquad (2.7)$$

将式（2.6）和式（2.7）代入式（2.1）得：

$$(K + a_0 M + a_1 C)U_{n+1} = F_{n+1} + M(a_0 U_n + a_2 \dot{U}_n + a_3 \ddot{U}_n) + C(a_1 U_n + a_4 \dot{U}_n + a_5 \ddot{U}_n) \qquad (2.8)$$

其中，

$$a_0 = \frac{1}{\beta \mathrm{d}t^2}; a_1 = \frac{\gamma}{\beta \mathrm{d}t}; a_2 = \frac{1}{\beta \mathrm{d}t}; a_3 = \frac{1}{2\beta} - 1; a_4 = \frac{\gamma}{\beta} - 1; a_5 = \frac{\mathrm{d}t}{2}\left(\frac{\gamma}{\beta} - 2\right); a_6 = \mathrm{d}t(1 - \gamma);$$

$$a_7 = \gamma \mathrm{d}t$$

当 $\gamma = \frac{1}{2}$，$\beta = \frac{1}{4}$ 时，成为平均常加速度法的逐步积分法，该算法为无条稳定的。

2.3 显式方法

2.3.1 中心差分法

对速度和加速度进行如下差分：

$$\dot{U}_n = \frac{U_{n+1} - U_{n-1}}{2\mathrm{d}t} \qquad (2.9)$$

$$\ddot{U}_n = \frac{U_{n+1} - 2U_n + U_{n-1}}{\mathrm{d}t^2} \qquad (2.10)$$

将式（2.9）和式（2.10）代入式（2.1）得：

$$\left(M + \frac{\mathrm{d}t}{2}C\right)U_{n+1} = F_n \mathrm{d}t^2 - (K\mathrm{d}t^2 - 2M)U_n - \left(M - \frac{\mathrm{d}t}{2}C\right)U_{n-1} \qquad (2.11)$$

当质量矩阵和阻尼矩阵为对角阵时，式（2.11）解耦，即为显式算法，同时中心差分法是有条件稳定的。如果阻尼矩阵为非对角阵，方程不再具有解耦特性，成为隐式算法。

2.3.2 中心差分与单边差分相结合

对速度和加速度进行如下差分：

$$\dot{U}_n = \frac{U_n - U_{n-1}}{\mathrm{d}t} \qquad (2.12)$$

$$\ddot{U}_n = \frac{U_{n+1} - 2U_n + U_{n-1}}{\mathrm{d}t^2} \qquad (2.13)$$

将式（2.12）和式（2.13）代入式（2.1）得：

$$MU_{n+1} = M(2U_n - U_{n-1}) - KU_n \mathrm{d}t^2 - C(U_n - U_{n-1})\mathrm{d}t + F_n \mathrm{d}t^2 \qquad (2.14)$$

当质量矩阵为对角矩阵，方程具有解耦特性。由于速度采用了单边差分格式，式

（2.14）具有一阶精度，但是由于其简单方便，且对阻尼矩阵没有限制，能够适用于有阻尼和无阻尼体系的计算，目前仍是一种经常使用的积分格式。

2.3.3 中心差分与纽马克常平均加速度结合

李小军等为了提高计算精度，采用中心差分与纽马克常平均加速度相结合，得到了一种非对角阻尼矩阵的显式格式：

$$MU_{n+1} = \frac{1}{2}F_n dt^2 + MU_n - \frac{1}{2}KU_n dt^2 + M\dot{U}_n dt^2 - \frac{1}{2}C\dot{U}_n dt^2 \tag{2.15}$$

$$\dot{U}_{n+1} = \frac{1}{2}M^{-1}(F_{n+1} + F_n)dt + \dot{U}_n - \left(\frac{1}{2}M^{-1}Kdt + M^{-1}C\right)U_{n+1} - \left(\frac{1}{2}M^{-1}Kdt - M^{-1}C\right)U_n \tag{2.16}$$

式（2.15）和式（2.16）构成了二阶精度的显式积分格式。

式（2-16）求解速度项较为复杂，涂劲等将其速度项略做改进得到如下积分格式：

$$MU_{n+1} = \frac{1}{2}F_n dt^2 + MU_n - \frac{1}{2}KU_n dt^2 + M\dot{U}_n dt^2 - \frac{1}{2}C\dot{U}_n dt^2 \tag{2.17}$$

$$\dot{U}_{n+1} = \frac{2}{dt}(U_{n+1} - U_n) - \dot{U}_n \tag{2.18}$$

2.4 两种方法对比

隐式方法是无条件稳定的，时间步相对大一些。对于一个光滑的非线性问题，采用牛顿－拉夫逊法求解时，在每一个时间步需要有限次的迭代计算即可以收敛。然而，如果模型包括高度的非连续过程，如接触非线性，需要大量的迭代过程。为了满足平衡条件，减小时间步长可能是必要的。在极端情况下，隐式求解的时间步可能与显式求解的时间步在同一量级上，但是仍然承担着隐式迭代的高昂求解成本。在某些情况下，应用隐式算法甚至可能不会收敛。

显式方法是有条件稳定的，稳定性条件限制了最大时间步。当不满足稳定性条件时，随着计算时间步数的增加，结果趋向发散。显式方法最显著的特点是方程的解耦性，不需要迭代和收敛准则，可以采用递推的方式模拟接触条件和其他一些极度不连续的情况。在确定时间步时可采用系统网格的最小尺寸 L_e 和 P 波波速 c_p 的比值 L_e/c_p 进步初步估算。

逐步积分方案的选择要从收敛性、满足工程要求的精度、良好的稳定性和较高的计算效率四个方面进行综合判断。

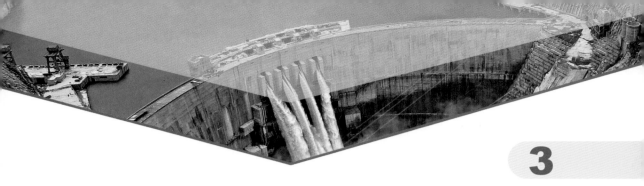

3 黏弹性人工边界及其地震动输入

3.1 引言

对于坝体地震反应而言，由于地基相对于坝体是无限域，对坝体的地震反应分析实际就是对无限地基和坝体组成的开放体系中地震波传播过程的模拟，其中既包含了坝体由入射波产生的振动，又包含了坝体作为波源对无限地基的散射。散射波在地基的传播过程中，由于几何扩散和阻尼耗能作用，能量逐渐逸散。在有限元计算中，不可能取无限地基模拟散射波的耗散过程，只能取有限范围的地基。理论上，只要地基范围 $L \geqslant CT/2$，C 为地基中的波速，T 为地震波持续时间，就能计入散射波的耗散效应。在静力分析中，远离坝体区域的地基范围可以取尺寸较大的网格，动力分析中，由于网格尺寸还要受最小波长限制，又不能取过大尺寸的网格，因此如果按 $L \geqslant CT/2$ 的地基范围，势必会带来相当的计算规模，难以应用于工程问题。如果取较小的范围，原本应该向地基远域范围传播的散射波传播到地基边界处会反射回坝体，人为夸大坝体地震响应。向地基远域范围辐射的能量对坝体反应相当于阻尼效应，因此称为"地基辐射阻尼"。为了能够模拟"地基辐射阻尼"效应，在有限范围地基的前提下，研究人员提出了人工边界的概念来模拟无限地基对近场波动的影响。

在人工边界研究上，全局人工边界基于频域建立，在空间域内是耦联的，计算烦琐且计算量大，并且难于考虑地基的非线性。由此，提出了时空解耦应用于时域计算的局部人工边界。局部人工边界包括位移型人工边界和应力型人工边界。透射边界是一种位移型人工边界，有二阶精度，但可能出现数值振荡失稳现象，通常需要多次反复试算。黏性边界和黏弹性边界属于应力型人工边界。应力人工边界只在外边界节点施加外力和弹簧阻尼体系，对边界节点和内部节点采用统一的格式求解，因此不存在由于人工边界引起的稳定性问题。

在结构地基体系动力反应中，能够兼顾计算精度和计算效率的方法易于被工程接受。黏弹性人工边界虽然只有一阶精度，但其算法有良好的稳定性，物理概念简单明确，易于有限元编程实现的特点使其有较强的吸引力。

3.2 黏弹性人工边界

有限元方法模拟无限域的波动问题中，应尽量减小底边界和侧边界的地震波反射。Lysmer and Kuhlemeyer（1969）提出黏性边界的方法来吸收反射到边界上的地震波。对于黏性边界可能引起相对较大的误差和低频失稳问题，研究人员提出了黏弹性人工边界。在有限元方法中，底边界和侧边界设为黏弹性人工边界，底边界和侧边界的节点上施加弹簧和阻尼器，如图 3.1 和图 3.2 所示。

在数学上实现这些弹簧和阻尼器，可在边界相关单元矩阵的对角项上增加弹簧和阻尼项，因此将在边界节点 x，y，z 三方向上施加与位移和速度相关的力，相应的弹簧和阻尼系数为：

垂直于边界方向弹簧和阻尼系数：$\dfrac{E}{2H}A$，$\rho c_{\mathrm{p}}A$

平行于边界方向弹簧和阻尼系数：$\dfrac{G}{2H}A$，$\rho c_{\mathrm{s}}A$

其中，E 为弹性模型，G 为剪切模量，ρ 为密度，A 为人工边界节点影响面积，H 表示从边界底部到顶部的距离，c_{p} 和 c_{s} 分别为有限元模型外侧介质的压缩波波速和剪切波波速。

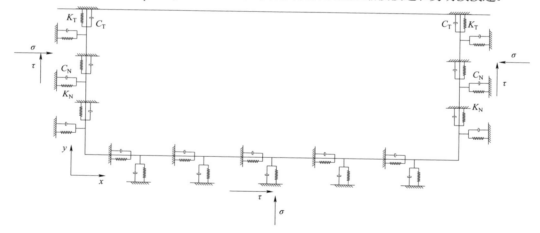

图 3.1　黏弹性人工边界模型

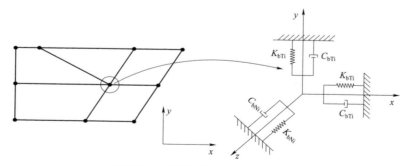

图 3.2　三维黏弹性人工边界示意图

3.3　地震动输入

3.3.1　均匀介质地震动输入

　　在本项研究中，通过在人工边界节点上施加等效荷载的方式来实现地震波动输入的方法，即将地震波转换为等效节点荷载施加于人工边界上，完成地震动的输入。人工边界上的地震输入为从底部入射的地震波和从地表反射的地震波两者叠加形成的自由场。

　　如图 3.3 所示，底边界地震波入射，三方向位移和速度时程分别为 $u_0(t)$, $v_0(t)$, $w_0(t)$ 和 $\dot{u}_0(t)$, $\dot{v}_0(t)$, $\dot{w}_0(t)$。对于底部和侧边界的每个节点，自由场位移和速度是从底部入射波和地表反射波的位移和速度叠加。基于均匀介质一维波动理论的假设，自由场可表示为：

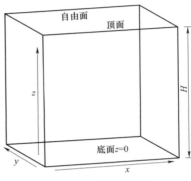

图 3.3　箱形模型

$$
\begin{cases}
u = u_0\left(t - \dfrac{z}{c_s}\right) + u_0\left(t - \dfrac{2H - z}{c_s}\right) \\[2mm]
\dot{u} = \dot{u}_0\left(t - \dfrac{z}{c_s}\right) + \dot{u}_0\left(t - \dfrac{2H - z}{c_s}\right) \\[2mm]
\dfrac{\partial u}{\partial z} = \dfrac{1}{c_s}\left[-u_0\left(t - \dfrac{z}{c_s}\right) + \dot{u}_0\left(t - \dfrac{2H - z}{c_s}\right)\right]
\end{cases}
\tag{3.1}
$$

$$
\begin{cases}
v = v_0\left(t - \dfrac{z}{c_s}\right) + v_0\left(t - \dfrac{2H - z}{c_s}\right) \\[2mm]
\dot{v} = \dot{v}_0\left(t - \dfrac{z}{c_s}\right) + \dot{v}_0\left(t - \dfrac{2H - z}{c_s}\right) \\[2mm]
\dfrac{\partial v}{\partial z} = \dfrac{1}{c_s}\left[-\dot{v}_0\left(t - \dfrac{z}{c_s}\right) + \dot{v}_0\left(t - \dfrac{2H - z}{c_s}\right)\right]
\end{cases}
\tag{3.2}
$$

$$
\begin{cases}
w = w_0\left(t - \dfrac{z}{c_p}\right) + w_0\left(t - \dfrac{2H - z}{c_p}\right) \\[2mm]
\dot{w} = \dot{w}_0\left(t - \dfrac{z}{c_p}\right) + \dot{w}_0\left(t - \dfrac{2H - z}{c_p}\right) \\[2mm]
\dfrac{\partial w}{\partial z} = \dfrac{1}{c_p}\left[-\dot{w}_0\left(t - \dfrac{z}{c_p}\right) + \dot{w}_0\left(t - \dfrac{2H - z}{c_p}\right)\right]
\end{cases}
\tag{3.3}
$$

u,v,w 和 $\dot{u},\dot{v},\dot{w}$ 分别为 x,y,z 三方向自由场位移和速度时程；$u_0\left(t-\dfrac{z}{c_s}\right)$，$v_0\left(t-\dfrac{z}{c_s}\right)$，

$w_0\left(t-\dfrac{z}{c_p}\right)$ 和 $\dot{u}_0\left(t-\dfrac{z}{c_s}\right)$，$\dot{v}_0\left(t-\dfrac{z}{c_s}\right)$，$\dot{w}_0\left(t-\dfrac{z}{c_p}\right)$ 为入射波三方向位移和速度时程；

$u_0\left(t-\dfrac{2H-z}{c_s}\right)$，$v_0\left(t-\dfrac{2H-z}{c_s}\right)$，$w_0\left(t-\dfrac{2H-z}{c_p}\right)$ 和 $\dot{u}_0\left(t-\dfrac{2H-z}{c_s}\right)$，$\dot{v}_0\left(t-\dfrac{2H-z}{c_s}\right)$，

$\dot{w}_0\left(t-\dfrac{2H-z}{c_p}\right)$ 为表面反射波三方向位移和速度时程。

等效的边界节点荷载时程可表示为：

$$F = \sigma \cdot n \cdot A + C_B \dot{u} + K_B u \tag{3.4}$$

式中　F ——荷载向量；

　　　σ ——自由场应力矩阵；

　　　n ——边界外法线向量；

　　　A ——节点影响面积；

　　　C_B ——边界节点阻尼系数矩阵；

　　　K_B ——边界节点弹簧系数矩阵；

　　　u ——自由场位移向量，$u = \{u\ \ v\ \ w\}^T$；

　　　$\dot{u}$ ——自由场速度向量，$\dot{u} = \{\dot{u}\ \ \dot{v}\ \ \dot{w}\}^T$。

3.3.2　成层状介质地震动输入

对于成层状介质，根据实际地层参数，基于一维波动理论采用频域或时域方法，计算某点 B 的自由场反应为：

$$\begin{cases} u = u_B(t) \\ \dot{u} = \dot{u}_B(t) \\ \dfrac{\partial u}{\partial z} = \dfrac{\partial u}{\partial z}\bigg|_B (t) \end{cases} \tag{3.5}$$

$$\begin{cases} v = v_B(t) \\ \dot{v} = \dot{v}_B(t) \\ \dfrac{\partial v}{\partial z} = \dfrac{\partial v}{\partial z}\bigg|_B (t) \end{cases} \tag{3.6}$$

$$\begin{cases} w = w_B(t) \\ \dot{w} = \dot{w}_B(t) \\ \dfrac{\partial w}{\partial z} = \dfrac{\partial w}{\partial z}\bigg|_B (t) \end{cases} \tag{3.7}$$

3.4 人工边界节点荷载计算方法

由地壳深部传向地表的地震波，其入射方向将逐渐接近垂直水平地表的竖向。自由场位移的应变为：

$$\begin{cases} \varepsilon_{xx} = \dfrac{\partial u}{\partial x} = 0 \\[2mm] \varepsilon_{yy} = \dfrac{\partial v}{\partial y} = 0 \\[2mm] \varepsilon_{zz} = \dfrac{\partial w}{\partial z} \\[2mm] \varepsilon_{yz} = \dfrac{\partial w}{\partial y} + \dfrac{\partial v}{\partial z} = \dfrac{\partial v}{\partial z} \\[2mm] \varepsilon_{xz} = \dfrac{\partial w}{\partial x} + \dfrac{\partial u}{\partial z} = \dfrac{\partial u}{\partial z} \\[2mm] \varepsilon_{xy} = \dfrac{\partial u}{\partial y} + \dfrac{\partial v}{\partial x} = 0 \end{cases} \tag{3.8}$$

由本构方程求应力：

$$\begin{Bmatrix} \sigma_{xx} \\ \sigma_{yy} \\ \sigma_{zz} \\ \sigma_{yz} \\ \sigma_{xz} \\ \sigma_{xy} \end{Bmatrix} = \begin{pmatrix} \lambda+2G & \lambda & \lambda & & & \\ \lambda & \lambda+2G & \lambda & & & \\ \lambda & \lambda & \lambda+2G & & & \\ & & & G & & \\ & & & & G & \\ & & & & & G \end{pmatrix} \begin{Bmatrix} 0 \\ 0 \\ \varepsilon_{zz} \\ \varepsilon_{yz} \\ \varepsilon_{xz} \\ 0 \end{Bmatrix} = \begin{Bmatrix} \lambda\varepsilon_{zz} \\ \lambda\varepsilon_{zz} \\ (\lambda+2G)\varepsilon_{zz} \\ G\varepsilon_{yz} \\ G\varepsilon_{xz} \\ 0 \end{Bmatrix} \tag{3.9}$$

式中，$\lambda = \dfrac{Ev}{(1+v)(1-2v)}$，$G = \dfrac{E}{2(1+v)}$。

将式（3.8）代入式（3.9）得自由场应力为：

$$\begin{Bmatrix} \sigma_{xx} \\ \sigma_{yy} \\ \sigma_{zz} \\ \sigma_{yz} \\ \sigma_{xz} \\ \sigma_{xy} \end{Bmatrix} = \begin{Bmatrix} \lambda\varepsilon_{zz} \\ \lambda\varepsilon_{zz} \\ (\lambda+2G)\varepsilon_{zz} \\ G\varepsilon_{yz} \\ G\varepsilon_{xz} \\ 0 \end{Bmatrix} = \begin{Bmatrix} \lambda\dfrac{\partial w}{\partial z} \\[2mm] \lambda\dfrac{\partial w}{\partial z} \\[2mm] (\lambda+2G)\dfrac{\partial w}{\partial z} \\[2mm] G\dfrac{\partial v}{\partial z} \\[2mm] G\dfrac{\partial u}{\partial z} \\[2mm] 0 \end{Bmatrix} \tag{3.10}$$

应力产生的面力：

$$
\begin{Bmatrix} \overline{X}_{\rm b} \\ \overline{Y}_{\rm b} \\ \overline{Z}_{\rm b} \end{Bmatrix} = \begin{bmatrix} \sigma_{\rm xx} & \sigma_{\rm yx} & \sigma_{\rm zx} \\ \sigma_{\rm xy} & \sigma_{\rm yy} & \sigma_{\rm zy} \\ \sigma_{\rm xz} & \sigma_{\rm yz} & \sigma_{\rm zz} \end{bmatrix} \begin{Bmatrix} l \\ m \\ n \end{Bmatrix} = \begin{Bmatrix} l\sigma_{\rm xx} + n\sigma_{\rm zx} \\ m\sigma_{\rm yy} + n\sigma_{\rm zy} \\ l\sigma_{\rm xz} + m\sigma_{\rm yz} + n\sigma_{\rm zz} \end{Bmatrix} = \begin{Bmatrix} l\lambda\dfrac{\partial w}{\partial z} + nG\dfrac{\partial u}{\partial z} \\ m\lambda\dfrac{\partial w}{\partial z} + nG\dfrac{\partial v}{\partial z} \\ lG\dfrac{\partial u}{\partial z} + mG\dfrac{\partial v}{\partial z} + n(\lambda + 2G)\dfrac{\partial w}{\partial z} \end{Bmatrix}
$$

（3.11）

l、m、n 分别是所在面的外法线方向余弦。

3.4.1 均匀介质边界节点荷载

将均匀介质自由场反应式（3.1）～式（3.3）代入式（3.11）可以计算出三维模型中五个面的边界节点面力，并且与施加在人工边界上的弹簧阻尼力叠加。

（a）底边 $z = 0$：$l = 0$；$m = 0$；$n = -1$

$$
\begin{Bmatrix} \overline{X}_{\rm b} \\ \overline{Y}_{\rm b} \\ \overline{Z}_{\rm b} \end{Bmatrix} = \begin{Bmatrix} -\sigma_{\rm zx} \\ -\sigma_{\rm zy} \\ -\sigma_{\rm zz} \end{Bmatrix} = \begin{Bmatrix} \rho c_{\rm s}\left[\dot{u}_0(t) - \dot{u}_0\left(t - \dfrac{2H}{c_{\rm s}}\right)\right] \\ \rho c_{\rm s}\left[\dot{v}_0(t) - \dot{v}_0\left(t - \dfrac{2H}{c_{\rm s}}\right)\right] \\ \rho c_{\rm p}\left[\dot{w}_0(t) - \dot{w}_0\left(t - \dfrac{2H}{c_{\rm p}}\right)\right] \end{Bmatrix}
$$

（3.12）

$$
\begin{cases} \overline{F}_{\rm bx}^{-z} = \dfrac{G}{2H}\left[u_0(t) + u_0\left(t - \dfrac{2H}{c_{\rm s}}\right)\right] + 2\rho c_{\rm s}\dot{u}_0(t) \\[2mm] \overline{F}_{\rm by}^{-z} = \dfrac{G}{2H}\left[v_0(t) + v_0\left(t - \dfrac{2H}{c_{\rm s}}\right)\right] + 2\rho c_{\rm s}\dot{v}_0(t) \\[2mm] \overline{F}_{\rm bz}^{-z} = \dfrac{E}{2H}\left[w_0(t) + w_0\left(t - \dfrac{2H}{c_{\rm p}}\right)\right] + 2\rho c_{\rm p}\dot{w}_0(t) \end{cases}
$$

（3.13）

（b）侧边界 $x = x_{\rm b}$：$l = 1$；$m = 0$；$n = 0$

$$
\begin{Bmatrix} \overline{X}_{\rm b} \\ \overline{Y}_{\rm b} \\ \overline{Z}_{\rm b} \end{Bmatrix} = \begin{bmatrix} \sigma_{\rm xx} & \sigma_{\rm yx} & \sigma_{\rm zx} \\ \sigma_{\rm xy} & \sigma_{\rm yy} & \sigma_{\rm zy} \\ \sigma_{\rm xz} & \sigma_{\rm yz} & \sigma_{\rm zz} \end{bmatrix} \begin{Bmatrix} l \\ m \\ n \end{Bmatrix} = \begin{Bmatrix} \sigma_{\rm xx} \\ 0 \\ \sigma_{\rm xz} \end{Bmatrix} = \begin{Bmatrix} \dfrac{\lambda}{c_{\rm p}}\left[-\dot{w}_0\left(t - \dfrac{z}{c_{\rm p}}\right) + \dot{w}_0\left(\dfrac{2H - z}{c_{\rm p}}\right)\right] \\ 0 \\ \rho c_{\rm s}\left[-\dot{u}_0\left(t - \dfrac{z}{c_{\rm s}}\right) + \dot{u}_0\left(t - \dfrac{2H - z}{c_{\rm s}}\right)\right] \end{Bmatrix}
$$

（3.14）

$$
\begin{cases}
\overline{F}_{bx}^{+x} = \dfrac{E}{2H}\left[u_0\left(t-\dfrac{z}{c_s}\right)+u_0\left(t-\dfrac{2H-z}{c_s}\right)\right]+\rho c_p\left[\dot{u}_0\left(t-\dfrac{z}{c_s}\right)+\dot{u}_0\left(t-\dfrac{2H-z}{c_s}\right)\right]+\\[4mm]
\qquad \dfrac{\lambda}{c_p}\left[-\dot{w}_0\left(t-\dfrac{z}{c_p}\right)+\dot{w}_0\left(\dfrac{2H-z}{c_p}\right)\right]\\[4mm]
\overline{F}_{by}^{+x} = \dfrac{G}{2H}\left[v_0\left(t-\dfrac{z}{c_s}\right)+v_0\left(t-\dfrac{2H-z}{c_s}\right)\right]+\rho c_s\left[\dot{v}_0\left(t-\dfrac{z}{c_s}\right)+\dot{v}_0\left(t-\dfrac{2H-z}{c_s}\right)\right]\\[4mm]
\overline{F}_{bz}^{+x} = \dfrac{G}{2H}\left[w_0\left(t-\dfrac{z}{c_p}\right)+w_0\left(t-\dfrac{2H-z}{c_p}\right)\right]+\rho c_s\left[\dot{w}_0\left(t-\dfrac{z}{c_p}\right)+\dot{w}_0\left(t-\dfrac{2H-z}{c_p}\right)\right]+\\[4mm]
\qquad \rho c_s\left[-\dot{u}_0\left(t-\dfrac{z}{c_s}\right)+\dot{u}_0\left(t-\dfrac{2H-z}{c_s}\right)\right]
\end{cases}
\tag{3.15}
$$

（c）侧边界 $x=-x_b$：$l=-1$；$m=0$；$n=0$

$$
\begin{Bmatrix}\overline{X}_b\\\overline{Y}_b\\\overline{Z}_b\end{Bmatrix}=\begin{bmatrix}\sigma_{xx}&\sigma_{yx}&\sigma_{zx}\\\sigma_{xy}&\sigma_{yy}&\sigma_{zy}\\\sigma_{xz}&\sigma_{yz}&\sigma_{zz}\end{bmatrix}\begin{Bmatrix}l\\m\\n\end{Bmatrix}=\begin{Bmatrix}\sigma_{xx}\\0\\\sigma_{xz}\end{Bmatrix}=\begin{Bmatrix}\dfrac{\lambda}{c_p}\left[\dot{w}_0\left(t-\dfrac{z}{c_p}\right)-\dot{w}_0\left(\dfrac{2H-z}{c_p}\right)\right]\\[4mm]0\\[4mm]\rho c_s\left[\dot{u}_0\left(t-\dfrac{z}{c_s}\right)-\dot{u}_0\left(t-\dfrac{2H-z}{c_s}\right)\right]\end{Bmatrix}
\tag{3.16}
$$

$$
\begin{cases}
\overline{F}_{bx}^{-x} = \dfrac{E}{2H}\left[u_0\left(t-\dfrac{z}{c_s}\right)+u_0\left(t-\dfrac{2H-z}{c_s}\right)\right]+\rho c_p\left[\dot{u}_0\left(t-\dfrac{z}{c_s}\right)+\dot{u}_0\left(t-\dfrac{2H-z}{c_s}\right)\right]+\\[4mm]
\qquad \dfrac{\lambda}{c_p}\left[\dot{w}_0\left(t-\dfrac{z}{c_p}\right)-\dot{w}_0\left(\dfrac{2H-z}{c_p}\right)\right]\\[4mm]
\overline{F}_{by}^{-x} = \dfrac{G}{2H}\left[v_0\left(t-\dfrac{z}{c_s}\right)+v_0\left(t-\dfrac{2H-z}{c_s}\right)\right]+\rho c_s\left[\dot{v}_0\left(t-\dfrac{z}{c_s}\right)+\dot{v}_0\left(t-\dfrac{2H-z}{c_s}\right)\right]\\[4mm]
\overline{F}_{bz}^{-x} = \dfrac{G}{2H}\left[w_0\left(t-\dfrac{z}{c_p}\right)+w_0\left(t-\dfrac{2H-z}{c_p}\right)\right]+\rho c_s\left[\dot{w}_0\left(t-\dfrac{z}{c_p}\right)+\dot{w}_0\left(t-\dfrac{2H-z}{c_p}\right)\right]+\\[4mm]
\qquad \rho c_s\left[\dot{u}_0\left(t-\dfrac{z}{c_s}\right)-\dot{u}_0\left(t-\dfrac{2H-z}{c_s}\right)\right]
\end{cases}
\tag{3.17}
$$

（d）侧边界 $y = y_{\mathrm{b}}$：$l = 0$；$m = 1$；$n = 0$

$$
\begin{Bmatrix} \overline{X}_{\mathrm{b}} \\ \overline{Y}_{\mathrm{b}} \\ \overline{Z}_{\mathrm{b}} \end{Bmatrix} = \begin{bmatrix} \sigma_{xx} & \sigma_{yx} & \sigma_{zx} \\ \sigma_{xy} & \sigma_{yy} & \sigma_{zy} \\ \sigma_{xz} & \sigma_{yz} & \sigma_{zz} \end{bmatrix} \begin{Bmatrix} l \\ m \\ n \end{Bmatrix} = \begin{Bmatrix} 0 \\ \sigma_{yy} \\ \sigma_{yz} \end{Bmatrix} = \left\{ \begin{array}{c} 0 \\ \dfrac{\lambda}{c_{\mathrm{p}}}\left[-\dot{w}_0\left(t - \dfrac{z}{c_{\mathrm{p}}}\right) + \dot{w}_0\left(t - \dfrac{2H - z}{c_{\mathrm{p}}}\right) \right] \\ \rho c_{\mathrm{s}}\left[-\dot{v}_0\left(t - \dfrac{z}{c_{\mathrm{s}}}\right) + \dot{v}_0\left(t - \dfrac{2H - z}{c_{\mathrm{s}}}\right) \right] \end{array} \right\}
$$

（3.18）

$$
\left\{ \begin{aligned}
\overline{F}_{\mathrm{bx}}^{+y} &= \frac{G}{2H}\left[u_0\left(t - \frac{z}{c_{\mathrm{s}}}\right) + u_0\left(t - \frac{2H - z}{c_{\mathrm{s}}}\right) \right] + \rho c_{\mathrm{s}}\left[\dot{u}_0\left(t - \frac{z}{c_{\mathrm{s}}}\right) + \dot{u}_0\left(t - \frac{2H - z}{c_{\mathrm{s}}}\right) \right] \\
\overline{F}_{\mathrm{by}}^{+y} &= \frac{E}{2H}\left[v_0\left(t - \frac{z}{c_{\mathrm{s}}}\right) + v_0\left(t - \frac{2H - z}{c_{\mathrm{s}}}\right) \right] + \rho c_{\mathrm{p}}\left[\dot{v}_0\left(t - \frac{z}{c_{\mathrm{s}}}\right) + \dot{v}_0\left(t - \frac{2H - z}{c_{\mathrm{s}}}\right) \right] + \\
&\quad \frac{\lambda}{c_{\mathrm{p}}}\left[-\dot{w}_0\left(t - \frac{z}{c_{\mathrm{p}}}\right) + \dot{w}_0\left(t - \frac{2H - z}{c_{\mathrm{p}}}\right) \right] \\
\overline{F}_{\mathrm{bz}}^{+y} &= \frac{G}{2H}\left[w_0\left(t - \frac{z}{c_{\mathrm{p}}}\right) + w_0\left(t - \frac{2H - z}{c_{\mathrm{p}}}\right) \right] + \rho c_{\mathrm{s}}\left[\dot{w}_0\left(t - \frac{z}{c_{\mathrm{p}}}\right) + \dot{w}_0\left(t - \frac{2H - z}{c_{\mathrm{p}}}\right) \right] + \\
&\quad \rho c_{\mathrm{s}}\left[-\dot{v}_0\left(t - \frac{z}{c_{\mathrm{s}}}\right) + \dot{v}_0\left(t - \frac{2H - z}{c_{\mathrm{s}}}\right) \right]
\end{aligned} \right.
$$

（3.19）

（e）侧边界 $y = -y_{\mathrm{b}}$：$l = 0$；$m = -1$；$n = 0$

$$
\begin{Bmatrix} \overline{X}_{\mathrm{b}} \\ \overline{Y}_{\mathrm{b}} \\ \overline{Z}_{\mathrm{b}} \end{Bmatrix} = \begin{bmatrix} \sigma_{xx} & \sigma_{yx} & \sigma_{zx} \\ \sigma_{xy} & \sigma_{yy} & \sigma_{zy} \\ \sigma_{xz} & \sigma_{yz} & \sigma_{zz} \end{bmatrix} \begin{Bmatrix} l \\ m \\ n \end{Bmatrix} = \begin{Bmatrix} 0 \\ -\sigma_{yy} \\ -\sigma_{yz} \end{Bmatrix} = \left\{ \begin{array}{c} 0 \\ \dfrac{\lambda}{c_{\mathrm{p}}}\left[\dot{w}_0\left(t - \dfrac{z}{c_{\mathrm{p}}}\right) - \dot{w}_0\left(t - \dfrac{2H - z}{c_{\mathrm{p}}}\right) \right] \\ \rho c_{\mathrm{s}}\left[\dot{v}_0\left(t - \dfrac{z}{c_{\mathrm{s}}}\right) - \dot{v}_0\left(t - \dfrac{2H - z}{c_{\mathrm{s}}}\right) \right] \end{array} \right\}
$$

（3.20）

$$\begin{cases}
\bar{F}_{bx}^{-y} = \dfrac{G}{2H}\left[u_0\left(t-\dfrac{z}{c_s}\right)+u_0\left(t-\dfrac{2H-z}{c_s}\right)\right]+\rho c_s\left[\dot{u}_0\left(t-\dfrac{z}{c_s}\right)+\dot{u}_0\left(t-\dfrac{2H-z}{c_s}\right)\right] \\[3mm]
\bar{F}_{by}^{-y} = \dfrac{E}{2H}\left[v_0\left(t-\dfrac{z}{c_s}\right)+v_0\left(t-\dfrac{2H-z}{c_s}\right)\right]+\rho c_p\left[\dot{v}_0\left(t-\dfrac{z}{c_s}\right)+\dot{v}_0\left(t-\dfrac{2H-z}{c_s}\right)\right]+ \\[3mm]
\qquad \dfrac{\lambda}{c_p}\left[\dot{w}_0\left(t-\dfrac{z}{c_p}\right)-\dot{w}_0\left(t-\dfrac{2H-z}{c_p}\right)\right] \\[3mm]
\bar{F}_{bz}^{-y} = \dfrac{G}{2H}\left[w_0\left(t-\dfrac{z}{c_p}\right)+w_0\left(t-\dfrac{2H-z}{c_p}\right)\right]+\rho c_s\left[\dot{w}_0\left(t-\dfrac{z}{c_p}\right)+\dot{w}_0\left(t-\dfrac{2H-z}{c_p}\right)\right]+ \\[3mm]
\qquad \rho c_s\left[\dot{v}_0\left(t-\dfrac{z}{c_s}\right)-\dot{v}_0\left(t-\dfrac{2H-z}{c_s}\right)\right]
\end{cases} \tag{3.21}$$

上述公式中求得的是边界节点上的面力，与节点对应的影响面积相乘得到边界节点上应增加的节点力。

3.4.2 成层状介质边界节点荷载

将成层状介质自由场反应式（3.5）～式（3.7）代入式（3.11）可以计算出三维模型中五个面的边界节点面力，并且与施加在人工边界上的弹簧阻尼力叠加。

（a）底边 $z=0$：$l=0$；$m=0$；$n=-1$

$$\begin{Bmatrix}\bar{X}_b \\ \bar{Y}_b \\ \bar{Z}_b\end{Bmatrix}=\begin{bmatrix}\sigma_{xx} & \sigma_{yx} & \sigma_{zx} \\ \sigma_{xy} & \sigma_{yy} & \sigma_{zy} \\ \sigma_{xz} & \sigma_{yz} & \sigma_{zz}\end{bmatrix}\begin{Bmatrix}l \\ m \\ n\end{Bmatrix}=\begin{Bmatrix}-\sigma_{zx} \\ -\sigma_{zy} \\ -\sigma_{zz}\end{Bmatrix}=\begin{Bmatrix}-G\dfrac{\partial u}{\partial z} \\[2mm] -G\dfrac{\partial v}{\partial z} \\[2mm] -(\lambda+2G)\dfrac{\partial w}{\partial z}\end{Bmatrix} \tag{3.22}$$

$$\begin{cases}
\bar{F}_{bx}^{-z} = \dfrac{G}{2H}u+\rho c_s\dot{u}-G\dfrac{\partial u}{\partial z} \\[3mm]
\bar{F}_{by}^{-z} = \dfrac{G}{2H}v+\rho c_s\dot{v}-G\dfrac{\partial v}{\partial z} \\[3mm]
\bar{F}_{bz}^{-z} = \dfrac{E}{2H}w+\rho c_p\dot{w}-(\lambda+2G)\dfrac{\partial w}{\partial z}
\end{cases} \tag{3.23}$$

（b）侧边界 $x=x_b$：$l=1$；$m=0$；$n=0$

$$\begin{Bmatrix}\bar{X}_b \\ \bar{Y}_b \\ \bar{Z}_b\end{Bmatrix}=\begin{bmatrix}\sigma_{xx} & \sigma_{yx} & \sigma_{zx} \\ \sigma_{xy} & \sigma_{yy} & \sigma_{zy} \\ \sigma_{xz} & \sigma_{yz} & \sigma_{zz}\end{bmatrix}\begin{Bmatrix}l \\ m \\ n\end{Bmatrix}=\begin{Bmatrix}\sigma_{xx} \\ 0 \\ \sigma_{xz}\end{Bmatrix}=\begin{Bmatrix}\lambda\dfrac{\partial w}{\partial z} \\[2mm] 0 \\[2mm] G\dfrac{\partial u}{\partial z}\end{Bmatrix} \tag{3.24}$$

$$\begin{cases} \bar{F}_{bx}^{+x} = \dfrac{E}{2H}u + \rho c_p \dot{u} + \lambda \dfrac{\partial w}{\partial z} \\[3mm] \bar{F}_{by}^{+x} = \dfrac{G}{2H}v + \rho c_s \dot{v} + 0 \\[3mm] \bar{F}_{bz}^{+x} = \dfrac{G}{2H}w + \rho c_s \dot{w} + G\dfrac{\partial u}{\partial z} \end{cases} \tag{3.25}$$

（c）侧边界 $x = -x_b$：$l = -1$；$m = 0$；$n = 0$

$$\begin{Bmatrix} \bar{X}_b \\ \bar{Y}_b \\ \bar{Z}_b \end{Bmatrix} = \begin{bmatrix} \sigma_{xx} & \sigma_{yx} & \sigma_{zx} \\ \sigma_{xy} & \sigma_{yy} & \sigma_{zy} \\ \sigma_{xz} & \sigma_{yz} & \sigma_{zz} \end{bmatrix} \begin{Bmatrix} l \\ m \\ n \end{Bmatrix} = \begin{Bmatrix} -\sigma_{xx} \\ 0 \\ -\sigma_{xz} \end{Bmatrix} = \begin{Bmatrix} -\lambda\dfrac{\partial w}{\partial z} \\ 0 \\ -G\dfrac{\partial u}{\partial z} \end{Bmatrix} \tag{3.26}$$

$$\begin{cases} \bar{F}_{bx}^{-x} = \dfrac{E}{2H}u + \rho c_p \dot{u} - \lambda \dfrac{\partial w}{\partial z} \\[3mm] \bar{F}_{by}^{-x} = \dfrac{G}{2H}v + \rho c_s \dot{v} + 0 \\[3mm] \bar{F}_{bz}^{-x} = \dfrac{G}{2H}w + \rho c_s \dot{w} - G\dfrac{\partial u}{\partial z} \end{cases} \tag{3.27}$$

（d）侧边界 $y = y_b$：$l = 0$；$m = 1$；$n = 0$

$$\begin{Bmatrix} \bar{X}_b \\ \bar{Y}_b \\ \bar{Z}_b \end{Bmatrix} = \begin{bmatrix} \sigma_{xx} & \sigma_{yx} & \sigma_{zx} \\ \sigma_{xy} & \sigma_{yy} & \sigma_{zy} \\ \sigma_{xz} & \sigma_{yz} & \sigma_{zz} \end{bmatrix} \begin{Bmatrix} l \\ m \\ n \end{Bmatrix} = \begin{Bmatrix} 0 \\ \sigma_{yy} \\ \sigma_{yz} \end{Bmatrix} = \begin{Bmatrix} 0 \\ \lambda\dfrac{\partial w}{\partial z} \\ G\dfrac{\partial v}{\partial z} \end{Bmatrix} \tag{3.28}$$

$$\begin{cases} \bar{F}_{bx}^{+y} = \dfrac{G}{2H}u + \rho c_s \dot{u} + 0 \\[3mm] \bar{F}_{by}^{+y} = \dfrac{E}{2H}v + \rho c_p \dot{v} + \lambda \dfrac{\partial w}{\partial z} \\[3mm] \bar{F}_{bz}^{+y} = \dfrac{G}{2H}w + \rho c_s \dot{w} + G\dfrac{\partial v}{\partial z} \end{cases} \tag{3.29}$$

（e）侧边界 $y = -y_b$：$l = 0$；$m = -1$；$n = 0$

$$\begin{Bmatrix} \bar{X}_b \\ \bar{Y}_b \\ \bar{Z}_b \end{Bmatrix} = \begin{bmatrix} \sigma_{xx} & \sigma_{yx} & \sigma_{zx} \\ \sigma_{xy} & \sigma_{yy} & \sigma_{zy} \\ \sigma_{xz} & \sigma_{yz} & \sigma_{zz} \end{bmatrix} \begin{Bmatrix} l \\ m \\ n \end{Bmatrix} = \begin{Bmatrix} 0 \\ -\sigma_{yy} \\ -\sigma_{yz} \end{Bmatrix} = \begin{Bmatrix} 0 \\ -\lambda\dfrac{\partial w}{\partial z} \\ -G\dfrac{\partial v}{\partial z} \end{Bmatrix} \tag{3.30}$$

$$\begin{cases} \overline{F}_{\text{bx}}^{\text{-y}} = \dfrac{G}{2H}u + \rho c_{\text{s}}\dot{u} + 0 \\[3mm] \overline{F}_{\text{by}}^{\text{-y}} = \dfrac{E}{2H}v + \rho c_{\text{p}}\dot{v} - \lambda\dfrac{\partial w}{\partial z} \\[3mm] \overline{F}_{\text{bz}}^{\text{-y}} = \dfrac{G}{2H}w + \rho c_{\text{s}}\dot{w} - G\dfrac{\partial v}{\partial z} \end{cases} \tag{3.31}$$

3.5 算例验证

3.5.1 黏弹性边界吸能效果验证

本算例对比研究了固定边界、黏性边界、黏弹性边界、远置边界几种边界条件对计算结果的影响，验证黏弹性边界的吸能效果。计算模型如图 3.4 所示，介质弹性模量为 24MPa，密度 1000kg/m³，泊松比 0.2。波源作用于弹性半空间表面，动态荷载作用方向为 −Y，荷载表达式为：

$$F(t,x) = T(t)S(x) \tag{3.32}$$

$$T(t) = \begin{cases} 10t & 0 \leqslant t \leqslant 0.5 \\ 10 - 10t & 0.5 \leqslant t \leqslant 1 \\ 0 & t > 1 \end{cases} \tag{3.33}$$

$$S(x) = \begin{cases} 10\ 000 & |x| \leqslant 3.0 \\ 0 & \text{其他} \end{cases} \tag{3.34}$$

经计算 P 波波速 $c_{\text{p}} = 163.3\,\text{m/s}$，S 波波速 $c_{\text{s}} = 100\,\text{m/s}$，则

$$\frac{c_{\text{p}}T}{2} = \frac{163.3 \times 1.5}{2} = 122.475\,\text{m}$$

在计算时间 1.5s 内，取 $L=200\text{m}$ 能够满足 $L \geqslant c_{\text{p}}T/2$ 远置边界要求，计算区域不受地基辐射阻尼影响。因此，在 A 点左、右侧及下侧取 200m 计算区域，将远端设置固定边界作为远置边界的计算方案。计算模型如图 3.5 所示。

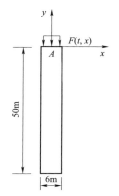

图 3.4　模型及其特征点位置图

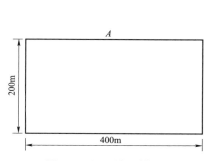

图 3.5　远置边界模型图

计算结果及分析：理论上可以把远置边界计算结果作为精确解，其他方案的计算结果与远置边界计算结果对比，结果越接近，说明人工边界效应越好。图 3.6 为各种边界条件下 A 点竖向位移时程。由于固定边界条件模型在边界处反射散射波，能量无法辐射到计算区域以外，在 1s 后，动力荷载为 0，振动依然不衰减，夸大了动力反应。黏性边界和黏弹性人工边界在人工边界处有效地吸收了散射波，能量相应地被耗散掉。因此两种边界的计算结果与远置边界计算结果相接近。黏弹性边界具有一定的无限地基恢复能力，因此黏弹性边界较黏性边界计算结果更接近远置边界计算结果，而且随着计算时间的延长，黏弹性边界计算结果与远置边界结果更加接近。

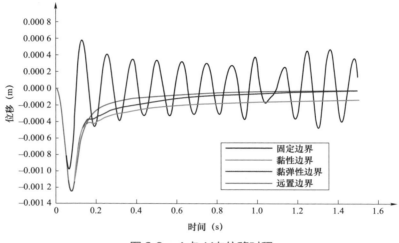

图 3.6 A 点 Y 向位移时程

3.5.2 地震动输入验证

由波动理论可知，对于自由边界，反射波的振幅与入射波的振幅相等且方向相同，合成波的振幅在边界上是入射波振幅的 2 倍。基于此理论，对黏弹性边界中的地震动输入进行验证。

计算模型如图 3.7 所示，介质弹性模量为 24MPa，密度 1000kg/m³，泊松比 0.2。假设地震波从模型底部垂直输入，分别从底部输入压缩波 P 波和剪切波 S 波，输入的位移波、速度波见式（3.35）和式（3.36）。图 3.8 和图 3.9 分别表示输入位移波、速度波。

$$位移波：u(t) = \begin{cases} \dfrac{t}{2} - \dfrac{\sin(2\pi f t)}{4\pi f} & 0 \leqslant t \leqslant 0.25 \\ 0.125 & t > 0.25 \end{cases} \tag{3.35}$$

$$速度波：v(t) = \begin{cases} \dfrac{1}{2} - \dfrac{\cos(2\pi f t)}{2} & 0 \leqslant t \leqslant 0.25 \\ 0 & t > 0.25 \end{cases} \tag{3.36}$$

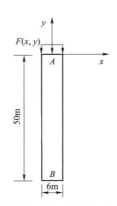

图 3.7　模型及其特征点

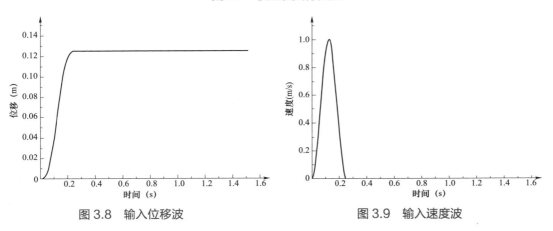

图 3.8　输入位移波　　　　　　　　图 3.9　输入速度波

计算结果及分析：图 3.10～图 3.13 为特征点 A 在 P 波和 S 波作用下位移、速度反应。从 A 点时程图上可以看出，无论是在 P 波还是 S 波作用下，A 点的位移、速度均为入射波的 2 倍。

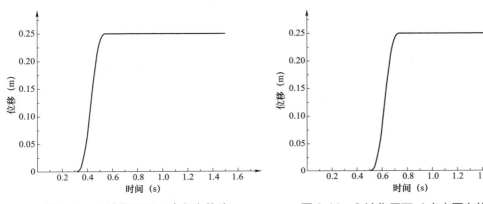

图 3.10　P 波作用下 A 点竖向位移　　　　图 3.11　S 波作用下 A 点水平向位移

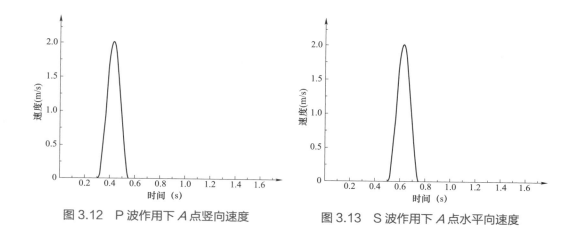

图 3.12 P 波作用下 A 点竖向速度   图 3.13 S 波作用下 A 点水平向速度

3.6 地基模量对高拱坝地基地震能量逸散影响研究

以强震区某 200m 高拱坝为例，探讨地基弹模对拱坝地基地震能量逸散的影响，分别采用无质量地基模型和人工边界模型研究基岩与坝体混凝土弹模之间不同比例关系下坝体的反应。

3.6.1 有限元模型

以西南强震区某 200m 高拱坝为研究对象，有限元模型如图 3.14 和图 3.15 所示，坝体网格尺寸在闸墩孔口处取为 2m 以内。坝体混凝土容重为 24kN/m³，静弹性模量 24GPa，泊松比 1/6，线膨胀系数 $1.0×10^{-5}$/℃。最高水深 195m，静力荷载包括了自重、水荷载、淤砂压力和温度荷载四项。设计地震基岩水平峰值加速度 0.333g，其竖向峰值加速度取为水平向的 2/3，即 0.222g，设计地震人工地震波如图 3.16 所示。基岩模量与混凝土模量比 E_R/E_c 分别取 0.25、0.5、1，基岩模量即为 6GPa、12GPa、24GPa。

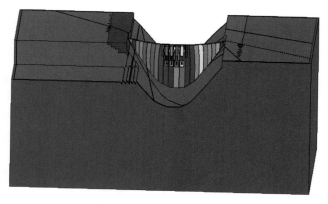

图 3.14 大坝基础模型

图 3.15　大坝网格模型

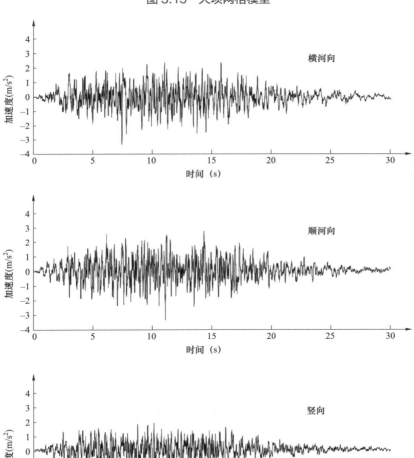

图 3.16　设计地震人工地震波

3.6.2　计算方案

计算工况如下：

工况 1：静荷载+无质量地基+地基弹模 6GPa（E_R/E_c=0.25）；

工况 2：静荷载+人工边界+地基弹模 6GPa（E_R/E_c=0.25）；

工况 3：静荷载+无质量地基+地基弹模 12GPa（E_R/E_c=0.5）；

工况 4：静荷载+人工边界+地基弹模 12GPa（E_R/E_c=0.5）；

工况 5：静荷载+无质量地基+地基弹模 24GPa（E_R/E_c=1）；

工况 6：静荷载+人工边界+地基弹模 24GPa（E_R/E_c=1）。

3.6.3　计算结果分析

分别取不同计算工况上游坝体闸墩根部 A 点、下游闸墩根部 B 点、坝体下游中上部 C、D、E、F 应力数值，以及坝顶拱冠处顺河向加速度数值进行对比分析，位置示意如图 3.17 所示。

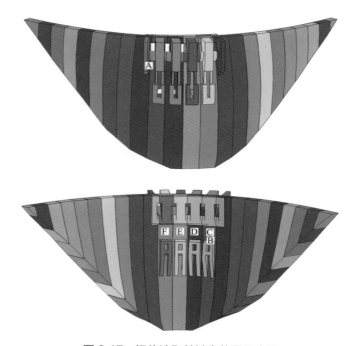

图 3.17　坝体选取关键点位置示意图

表 3.1 和表 3.2 所列分别为无质量地基计算方案、人工边界计算方案不同 E_R/E_c 条件下关键点数值对比。表 3.3 所列为人工边界计算方案相对无质量地基计算方案不同 E_R/E_c 条件下降幅。从以上计算结果对比分析可以得出：

（1）从表 3.2 和图 3.18 可以得出，随着 E_R/E_c 增大，人工边界计算方案坝体关键点应力和坝顶拱冠顺河向加速度逐渐增大。

（2）从表 3.3 和图 3.19 可以得出，E_R/E_c=0.25，辐射阻尼使坝体关键点应力降幅为 31.62%～62.55%；E_R/E_c=0.5，辐射阻尼使坝体关键点应力降幅为 30.31%～54.89%；E_R/E_c=1.0，辐射阻尼使坝体关键点应力降幅为 17.99%～42.62%。降幅表现为随着 E_R/E_c 增大而减小的趋势。

表 3.1　　　　　无质量地基计算方案不同 E_R/E_c 条件下关键点数值对比

E_R/E_c	上游闸墩根部 A 点 σ_1（MPa）	下游闸墩根部 B 点 σ_1（MPa）	坝体下游中上部 B 点 σ_1（MPa）	坝体下游中上部 B 点 σ_1（MPa）	坝体下游中上部 B 点 σ_1（MPa）	坝体下游中上部 B 点 σ_1（MPa）	坝顶拱冠顺河向加速度（g）
0.25	33.59	12.08	3.77	3.97	3.59	4.30	2.67
0.5	36.87	13.03	4.25	4.62	4.65	4.81	3.50
1	54.65	12.84	5.73	4.90	4.84	5.17	5.70

表 3.2　　　　　人工边界计算方案不同 E_R/E_c 条件下关键点数值对比

E_R/E_c	上游闸墩根部 A 点 σ_1（MPa）	下游闸墩根部 B 点 σ_1（MPa）	坝体下游中上部 B 点 σ_1（MPa）	坝体下游中上部 B 点 σ_1（MPa）	坝体下游中上部 B 点 σ_1（MPa）	坝体下游中上部 B 点 σ_1（MPa）	坝顶拱冠顺河向加速度（g）
0.25	12.58	8.26	2.33	1.95	1.55	1.62	0.81
0.5	17.23	9.08	2.69	2.46	2.21	2.17	1.25
1	31.36	10.14	4.20	4.00	3.86	4.24	2.35

表 3.3　　　　人工边界计算方案相对无质量地基计算方案不同 E_R/E_c 条件下降幅度

E_R/E_c	上游闸墩根部 A 点 σ_1 降幅（%）	下游闸墩根部 B 点 σ_1 降幅（%）	坝体下游中上部 B 点 σ_1 降幅（%）	坝体下游中上部 B 点 σ_1 降幅（%）	坝体下游中上部 B 点 σ_1 降幅（%）	坝体下游中上部 B 点 σ_1 降幅（%）	坝顶拱冠顺河向加速度降幅（%）
0.25	62.55	31.62	38.20	50.88	56.82	62.33	69.66
0.5	53.27	30.31	36.7	46.75	52.47	54.89	64.29
1	42.62	21.03	26.70	18.37	20.25	17.99	58.77

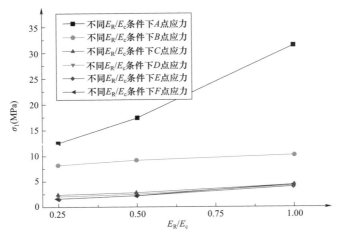

图 3.18　不同 E_R/E_c 条件下人工边界计算方案关键点应力对比

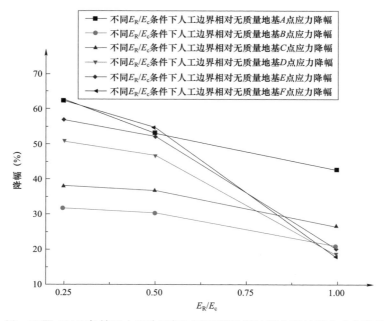

图 3.19 不同 E_R/E_c 条件下人工边界相对无质量地基计算方案关键点应力降幅对比

4

基于拉格朗日乘子的动接触模型

4.1 引言

接触非线性、材料非线性、几何非线性共同组成了结构分析中的三大非线性。接触非线性不同于其他两者，属于强非线性问题。接触非线性的困难在于其状态的变化是不连续的，接触状态在张开、闭合、黏结、滑移之间跳动。由于接触问题的不连续性，接触算法也不能满足对应光滑非线性问题的 Newton 二次速率收敛。

接触问题物理概念明确，接触界面约束条件容易确定，其关键是对于这种不连续非线性问题的数值求解方法。针对接触面约束条件不同的处理方式，接触模型大致分为两大类。一类是基于边界条件非线性的接触力模型，以拉格朗日乘子法为代表，拉格朗日乘子代表界面上的未知接触力。另一类以罚函数法为代表。在模型中引入接触刚度实现接触边界的约束条件。罚函数法在满足法向不嵌入条件时，需要引入一个较大的刚度，理论上还是存在嵌入量，并且刚度取值存在一定的敏感性。接触力模型以在界面上施加作为未知量的接触力来满足界面约束条件，不存在人为假定刚度的问题，对界面的处理更符合实际。

4.2 接触面约束条件

接触面约束条件是接触问题所特有的，也是接触非线性的根本所在。接触面约束条件按方向可分为法向和切向接触条件。

（1）法向接触条件

主要包括运动学条件和动力学条件两个方面。

1）法向的不可贯入性。此为接触面运动学方程。假定接触面上点对 A，B 两点坐标分别为 u_A，u_B，定义点 A 指向点 B 的法向方向矢量为 n，定义两点的方向距离为 d_n，则

$$d_n = (u_B - u_A)n \tag{4.1}$$

若 $d_n > 0$，表示分离；若 $d_n < 0$，表示相互侵入；若 $d_n = 0$，表示处于接触状态。法向不贯穿条件为：

$$d_\mathrm{n} = (\boldsymbol{u}_\mathrm{B} - \boldsymbol{u}_\mathrm{A})\boldsymbol{n} \geqslant 0 \tag{4.2}$$

2）法向接触力处为压力。此为接触面动力学方程。定义两点接触力中法向接触力为 λ_n，假定以受压为正。若处于分离状态 $\lambda_\mathrm{n} = 0$；若处于接触状态 $\lambda_\mathrm{n} \geqslant 0$。因此法向接触力必须满足 $\lambda_\mathrm{n} \geqslant 0$。

（2）切向接触条件

定义两点接触力中切向接触力为 λ_s，以库伦模型考虑摩擦，定义界面摩擦系数为 μ。当两点处于接触状态时，若 $|\lambda_\mathrm{s}| = \mu\lambda_\mathrm{n}$，表示两点将发生滑动；若 $|\lambda_\mathrm{s}| < \mu\lambda_\mathrm{n}$，处于黏着状态。

（3）接触状态分类

接触状态可总结为以下三种情况：

分离状态 $\begin{cases} \text{法向}: (\boldsymbol{u}_\mathrm{B} - \boldsymbol{u}_\mathrm{A})\boldsymbol{n} > 0 \quad \lambda_\mathrm{n} = 0 \\ \text{切向}: \lambda_\mathrm{s} = 0 \end{cases}$

黏着状态 $\begin{cases} \text{法向}: (\boldsymbol{u}_\mathrm{B} - \boldsymbol{u}_\mathrm{A})\boldsymbol{n} = 0 \quad \lambda_\mathrm{n} \geqslant 0 \\ \text{切向}: (\boldsymbol{u}_\mathrm{B} - \boldsymbol{u}_\mathrm{A})\boldsymbol{t} = (\boldsymbol{u}_\mathrm{B}^{n-1} - \boldsymbol{u}_\mathrm{A}^{n-1})\boldsymbol{t}^{n-1} \quad |\lambda_\mathrm{s}| < \mu\lambda_\mathrm{n} \end{cases}$

滑动状态 $\begin{cases} \text{法向}: (\boldsymbol{u}_\mathrm{B} - \boldsymbol{u}_\mathrm{A})\boldsymbol{n} = 0 \quad \lambda_\mathrm{n} \geqslant 0 \\ \text{切向}: (\boldsymbol{u}_\mathrm{B} - \boldsymbol{u}_\mathrm{A})\boldsymbol{t} \neq (\boldsymbol{u}_\mathrm{B}^{n-1} - \boldsymbol{u}_\mathrm{A}^{n-1})\boldsymbol{t}^{n-1} \quad |\lambda_\mathrm{s}| = \mu\lambda_\mathrm{n} \end{cases}$

式中，$\boldsymbol{t}$，$\boldsymbol{t}^{n-1}$ 分别表示当前接触状态的切向方向矢量，上一接触状态的切向方向矢量。

4.3　接触模型

令式（2.14）中的 $\boldsymbol{A} = \boldsymbol{M} / \mathrm{d}t^2$，$\boldsymbol{F} = \boldsymbol{M}(2\boldsymbol{U}_n - \boldsymbol{U}_{n-1}) / \mathrm{d}t^2 - \boldsymbol{K}\boldsymbol{U}_n - \boldsymbol{C}(\boldsymbol{U}_n - \boldsymbol{U}_{n-1}) / \mathrm{d}t + \boldsymbol{F}_n$，$\boldsymbol{U} = \boldsymbol{U}_{n+1}$，则波动方程可写为

$$\boldsymbol{A}\boldsymbol{U} = \boldsymbol{F} \tag{4.3}$$

包含接触力的平衡方程为

$$\boldsymbol{A}\boldsymbol{U} = \boldsymbol{F} - \boldsymbol{B}\lambda \tag{4.4}$$

对图 4.1 所示的接触点对，有：

$$\boldsymbol{A} = \begin{bmatrix} m_{11}/\mathrm{d}t^2 & & & & & \\ & m_{12}/\mathrm{d}t^2 & & & & \\ & & m_{13}/\mathrm{d}t^2 & & & \\ & & & m_{21}/\mathrm{d}t^2 & & \\ & & & & m_{22}/\mathrm{d}t^2 & \\ & & & & & m_{23}/\mathrm{d}t^2 \end{bmatrix} \tag{4.5}$$

$$\boldsymbol{U} = [u_{11} \quad u_{12} \quad u_{13} \quad u_{21} \quad u_{22} \quad u_{23}]^\mathrm{T} \tag{4.6}$$

$$\boldsymbol{F} = [f_{11} \quad f_{12} \quad f_{13} \quad f_{21} \quad f_{22} \quad f_{23}]^\mathrm{T} \tag{4.7}$$

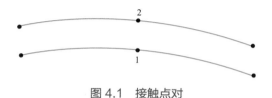

图 4.1　接触点对

接触约束矩阵 $\boldsymbol{B}$ 为

$$\boldsymbol{B} = [\boldsymbol{I} \quad -\boldsymbol{I}]^{\mathrm{T}} = \begin{bmatrix} 1 & & & -1 & & \\ & 1 & & & -1 & \\ & & 1 & & & -1 \end{bmatrix}^{\mathrm{T}} \tag{4.8}$$

接触力向量 $\boldsymbol{\lambda}$ 为

$$\boldsymbol{\lambda} = [\lambda_1 \quad \lambda_2 \quad \lambda_3]^{\mathrm{T}} \tag{4.9}$$

接触面位移约束方程为

$$\boldsymbol{B}^{\mathrm{T}} \boldsymbol{U} = \boldsymbol{\gamma} \tag{4.10}$$

其中，$\boldsymbol{\gamma}$ 为位移约束条件向量。

　　式（4.4）和式（4.10）构成了求解接触问题的控制方程。定义局部坐标下的位移约束条件为

$$\boldsymbol{\gamma}^1 = [\gamma_{\mathrm{n}} \quad \gamma_{\mathrm{s1}} \quad \gamma_{\mathrm{s2}}]^{\mathrm{T}} \tag{4.11}$$

其中，γ_{n} 取为接触点对初始法向间隙；γ_{s1}，γ_{s2} 取为前一状态接触点对切向滑动位移。

引入整体坐标与局部坐标的转换矩阵 $\boldsymbol{T}$，存在以下关系：

$$\begin{cases} \boldsymbol{\gamma}^1 = \boldsymbol{T}\boldsymbol{\gamma} \\ \boldsymbol{\gamma} = \boldsymbol{T}^{\mathrm{T}}\boldsymbol{\gamma}^1 \\ \boldsymbol{\lambda}^1 = \boldsymbol{T}\boldsymbol{\lambda} \\ \boldsymbol{\lambda} = \boldsymbol{T}^{\mathrm{T}}\boldsymbol{\lambda}^1 \end{cases} \tag{4.12}$$

$$\boldsymbol{T} = \begin{bmatrix} t_1 & t_2 & t_3 \\ t_4 & t_5 & t_6 \\ t_7 & t_8 & t_9 \end{bmatrix} \tag{4.13}$$

其中，$\boldsymbol{\lambda}^1$ 表示局部坐标下的接触力向量；t_1, t_2, t_3 代表接触面法向在 x, y, z 方向的分量；t_4, t_5, t_6 代表接触面第一个切向在 x, y, z 方向的分量；t_7, t_8, t_9 代表接触面第二个切向在 x, y, z 方向的分量。

由式（4.4）可得：

$$\boldsymbol{U} = \boldsymbol{A}^{-1}(\boldsymbol{F} - \boldsymbol{B}\boldsymbol{\lambda}) \tag{4.14}$$

将式（4.14）代入式（4.10）得：

$$\boldsymbol{B}^{\mathrm{T}} \boldsymbol{A}^{-1}(\boldsymbol{F} - \boldsymbol{B}\boldsymbol{\lambda}) = \boldsymbol{\gamma} \tag{4.15}$$

将 $\boldsymbol{\lambda} = \boldsymbol{T}^{\mathrm{T}}\boldsymbol{\lambda}^1$ 以及 $\boldsymbol{\gamma} = \boldsymbol{T}^{\mathrm{T}}\boldsymbol{\gamma}^1$ 代入式（4.15）得：

$$B^{\mathrm{T}}A^{-1}B^{\mathrm{T}}T^{\mathrm{T}}\lambda^1 = B^{\mathrm{T}}A^{-1}F - T^{\mathrm{T}}\gamma^1 \tag{4.16}$$

两边左乘 T 得：

$$TB^{\mathrm{T}}A^{-1}B^{\mathrm{T}}T^{\mathrm{T}}\lambda^1 = TB^{\mathrm{T}}A^{-1}F - \gamma^1 \tag{4.17}$$

令 $C = TB^{\mathrm{T}}A^{-1}B^{\mathrm{T}}T^{\mathrm{T}}$，$D = TB^{\mathrm{T}}A^{-1}F - \gamma^1$，因此接触力方程可写为：

$$C\lambda^1 = D \tag{4.18}$$

若 $m_{11} = m_{12} = m_{13} = m_1$，$m_{21} = m_{22} = m_{23} = m_2$ 则

$$B^{\mathrm{T}}A^{-1}B = \begin{bmatrix} I & -I \end{bmatrix}\begin{bmatrix} m_1^{-1}I & \\ & m_2^{-1}I \end{bmatrix}\begin{bmatrix} I \\ -I \end{bmatrix} = \frac{m_1 + m_2}{m_1 m_2}I \tag{4.19}$$

$$C = T^{\mathrm{T}}B^{\mathrm{T}}A^{-1}BT^{\mathrm{T}} = \frac{m_1 + m_2}{m_1 m_2}I \tag{4.20}$$

接触力方程的柔度矩阵 C 为单位矩阵，因此法向接触力和切向接触力解耦，可以直接求出 λ^1，按接触力修正条件对接触力进行修正。

若对应坝面上有附加质量的接触点对节点三个方向质量一般不同，$m_{11} = m_{12} = m_{13} = m_1$，$m_{21} = m_{22} = m_{23} = m_2$ 不成立。接触力方程的柔度矩阵 C 一般为满阵，法向接触力和切向接触力相互耦合。按照采用法向接触力和切向接触力交替求解修正的高斯迭代法求解接触力方程，求解流程如下：

（1）初始化 λ^1，给定迭代误差控制限 ε；

（2）第 $k+1$ 迭代步，误差赋初值 $err = 0$；

（3）计算法向接触力；

按下式求出法向接触力：

$$\lambda_{\mathrm{n}}^{k+1} = (D_{\mathrm{n}} - C_{12}\lambda_{\mathrm{s}1}^k - C_{13}\lambda_{\mathrm{s}2}^k)/C_{11} \tag{4.21}$$

按法向接触力条件修正法向接触力 $\lambda_{\mathrm{n}}^{k+1}$：

若 $\lambda_{\mathrm{n}}^{k+1} < 0$，则修正接触力为 $\lambda_{\mathrm{n}}^{k+1} = 0$，$\lambda_{\mathrm{s}1}^{k+1} = 0$，$\lambda_{\mathrm{s}2}^{k+1} = 0$，计算迭代误差 $err = err + (\lambda_{\mathrm{n}}^{k+1} - \lambda_{\mathrm{n}}^k)^2 + (\lambda_{\mathrm{s}1}^{k+1} - \lambda_{\mathrm{s}1}^k)^2 + (\lambda_{\mathrm{s}2}^{k+1} - \lambda_{\mathrm{s}2}^k)^2$，转至步（5）；

若 $\lambda_{\mathrm{n}}^{k+1} > 0$，计算迭代误差 $err = err + (\lambda_{\mathrm{n}}^{k+1} - \lambda_{\mathrm{n}}^k)^2$，转至步（4）。

（4）计算切向接触力；

按下式计算切向接触力：

$$\lambda_{\mathrm{s}1}^{k+1} = (D_{\mathrm{s}1} - C_{21}\lambda_{\mathrm{n}}^{k+1} - C_{23}\lambda_{\mathrm{s}2}^k)/C_{22} \tag{4.22}$$

$$\lambda_{\mathrm{s}2}^{k+1} = (D_{\mathrm{s}2} - C_{31}\lambda_{\mathrm{n}}^{k+1} - C_{32}\lambda_{\mathrm{s}1}^k)/C_{33} \tag{4.23}$$

按摩擦接触力条件修正 $\lambda_{\mathrm{s}1}^{k+1}$，$\lambda_{\mathrm{s}2}^{k+1}$，$\lambda_{\mathrm{s}}^{k+1} = \sqrt{(\lambda_{\mathrm{s}1}^{k+1})^2 + (\lambda_{\mathrm{s}2}^{k+1})^2}$：

若 $\lambda_{\mathrm{s}}^{k+1} > \mu\lambda_{\mathrm{n}}^{k+1}$，则修正接触力为 $\lambda_{\mathrm{s}1}^{k+1} = \lambda_{\mathrm{s}1}^{k+1}\dfrac{\mu\lambda_{\mathrm{n}}^{k+1}}{\lambda_{\mathrm{s}}^{k+1}}$，$\lambda_{\mathrm{s}2}^{k+1} = \lambda_{\mathrm{s}2}^{k+1}\dfrac{\mu\lambda_{\mathrm{n}}^{k+1}}{\lambda_{\mathrm{s}}^{k+1}}$，

计算迭代误差 $err = err + (\lambda_{\mathrm{s}1}^{k+1} - \lambda_{\mathrm{s}1}^k)^2 + (\lambda_{\mathrm{s}2}^{k+1} - \lambda_{\mathrm{s}2}^k)^2$；

若 $\lambda_s^{k+1} \leqslant \mu\lambda_n^{k+1}$，计算迭代误差 $err = err + (\lambda_{s1}^{k+1} - \lambda_{s1}^k)^2 + (\lambda_{s2}^{k+1} - \lambda_{s2}^k)^2$；

（5）收敛性判断，若 $err < \varepsilon$ 迭代结束，否则转至步（2）。

局部坐标下的接触力求解结束后根据 $\boldsymbol{\lambda} = \boldsymbol{T}^{\mathrm{T}}\boldsymbol{\lambda}^l$ 求出整体坐标下的接触力，将整体坐标下的接触力代入 $\boldsymbol{AU} = \boldsymbol{F} - \boldsymbol{B\lambda}$，求出位移。

4.4 工程中复杂接触面的模拟

4.4.1 考虑横缝键槽理想作用的模拟

假定键槽能够完全限制横缝的切向运动，只考虑了横缝的张开和闭合，主要体现了横缝张开对拱向拉应力的释放作用。实际上，这只是对横缝键槽作用的理想化假设，在我国高拱坝建设中，多采用球形键槽，横缝张开后键槽并不能完全限制切向运动。

接触面约束条件只需满足法向接触条件，认为键槽可提供足够大的切向接触力。因此接触力方程的求解过程中无需对切向接触力修正，迭代求解流程为：

（1）初始化 λ^1，给定迭代误差控制限 ε；

（2）第 $k+1$ 迭代步，迭代误差赋初值 $err = 0$；

（3）计算法向接触力；

按下式求出法向接触力：

$$\lambda_n^{k+1} = (D_n - C_{12}\lambda_{s1}^k - C_{13}\lambda_{s2}^k) / C_{11} \tag{4.24}$$

按法向接触力条件修正法向接触力 λ_n^{k+1}：

若 $\lambda_n^{k+1} < 0$，则修正接触力为 $\lambda_n^{k+1} = 0$，计算迭代误差 $err = err + (\lambda_n^{k+1} - \lambda_n^k)^2$；

若 $\lambda_n^{k+1} > 0$，无需修正，计算迭代误差 $err = err + (\lambda_n^{k+1} - \lambda_n^k)^2$；

（4）计算切向接触力；

按下式计算切向接触力：

$$\lambda_{s1}^{k+1} = (D_{s1} - C_{21}\lambda_n^{k+1} - C_{23}\lambda_{s2}^k) / C_{22} \tag{4.25}$$

$$\lambda_{s2}^{k+1} = (D_{s2} - C_{31}\lambda_n^{k+1} - C_{32}\lambda_{s1}^k) / C_{33} \tag{4.26}$$

无须修正切向接触力，计算迭代误差 $err = err + (\lambda_{s1}^{k+1} - \lambda_{s1}^k)^2 + (\lambda_{s2}^{k+1} - \lambda_{s2}^k)^2$；

（5）收敛性判断，若 $err < \varepsilon$ 迭代结束，否则转至步（2）。

4.4.2 考虑分缝自重的横缝模拟

分缝自重下的静动力计算分为三步：第一步，在不考虑横缝传力的条件下先进行自重计算，求出重力作用下的位移场；第二步，认为横缝灌浆完成后可以传力，再进行水荷载等其他静力荷载的计算；第三步，施加地震荷载，进行动力计算。

在不考虑横缝作用条件下，完成自重荷载下的静力计算，式（4.10）中的约束条件修正为：

$$B^{\mathrm{T}}(U - U_{\mathrm{g}}) = \gamma - \gamma_{\mathrm{g}} \quad (4.27)$$

其中，U_{g}、γ_{g} 分别表示自重作用下的位移向量、接触面位移约束向量。

将式（4.14）和 $U_{\mathrm{g}} = A^{-1}F_{\mathrm{g}}$ 和代入式（4.27）得：

$$B^{\mathrm{T}}A^{-1}B\lambda = B^{\mathrm{T}}A^{-1}(F - F_{\mathrm{g}}) - (\gamma - \gamma_{\mathrm{g}}) \quad (4.28)$$

将 $\lambda = T^{\mathrm{T}}\lambda^1$ 以及 $\gamma = T^{\mathrm{T}}\gamma^1$ 代入（4.28）得：

$$B^{\mathrm{T}}A^{-1}B^{\mathrm{T}}T^{\mathrm{T}}\lambda^1 = B^{\mathrm{T}}A^{-1}(F - F_{\mathrm{g}}) - T^{\mathrm{T}}(\gamma^1 - \gamma_{\mathrm{g}}^1) \quad (4.29)$$

两边左乘 T 得：

$$TB^{\mathrm{T}}A^{-1}B^{\mathrm{T}}T^{\mathrm{T}}\lambda^1 = TB^{\mathrm{T}}A^{-1}(F - F_{\mathrm{g}}) - (\gamma^1 - \gamma_{\mathrm{g}}^1) \quad (4.30)$$

令 $C = TB^{\mathrm{T}}A^{-1}B^{\mathrm{T}}T^{\mathrm{T}}$，$D = TB^{\mathrm{T}}A^{-1}(F - F_{\mathrm{g}}) - (\gamma^1 - \gamma_{\mathrm{g}}^1)$，因此接触力方程可写为 $C\lambda^1 = D$。

4.4.3 考虑接触面上初始黏聚力的模拟

以莫尔－库伦模型考虑接触面摩擦，切向接触条件修改为：

$$|\lambda_{\mathrm{s}}| \leqslant \mu\lambda_{\mathrm{n}} + cA \quad (4.31)$$

c、A 分别表示接触点对所代表的黏聚力和影响面积，若 $|\lambda_{\mathrm{s}}| > \mu\lambda_{\mathrm{n}} + cA$，则 $|\lambda_{\mathrm{s}}| = \mu\lambda_{\mathrm{n}}$，$c = 0$（表示黏聚力失效）。接触力方程迭代求解流程如下：

（1）初始化 λ^1，给定迭代误差控制限 ε。

（2）第 $k+1$ 迭代步，误差赋初值 $err = 0$。

（3）计算法向接触力。

按下式求出法向接触力：

$$\lambda_{\mathrm{n}}^{k+1} = (D_{\mathrm{n}} - C_{12}\lambda_{\mathrm{s}1}^k - C_{13}\lambda_{\mathrm{s}2}^k) / C_{11} \quad (4.32)$$

按法向接触力条件修正法向接触力 $\lambda_{\mathrm{n}}^{k+1}$：

若 $\lambda_{\mathrm{n}}^{k+1} < 0$，则修正接触力为 $\lambda_{\mathrm{n}}^{k+1} = 0$，$\lambda_{\mathrm{s}1}^{k+1} = 0$，$\lambda_{\mathrm{s}2}^{k+1} = 0$，计算迭代误差 $err = err + (\lambda_{\mathrm{n}}^{k+1} - \lambda_{\mathrm{n}}^k)^2 + (\lambda_{\mathrm{s}1}^{k+1} - \lambda_{\mathrm{s}1}^k)^2 + (\lambda_{\mathrm{s}2}^{k+1} - \lambda_{\mathrm{s}2}^k)^2$，转至步（5）；

若 $\lambda_{\mathrm{n}}^{k+1} > 0$，计算迭代误差 $err = err + (\lambda_{\mathrm{n}}^{k+1} - \lambda_{\mathrm{n}}^k)^2$，转至步（4）；

（4）计算切向接触力。

按下式计算切向接触力：

$$\lambda_{\mathrm{s}1}^{k+1} = (D_{\mathrm{s}1} - C_{21}\lambda_{\mathrm{n}}^{k+1} - C_{23}\lambda_{\mathrm{s}2}^k) / C_{22} \quad (4.33)$$

$$\lambda_{\mathrm{s}2}^{k+1} = (D_{\mathrm{s}2} - C_{31}\lambda_{\mathrm{n}}^{k+1} - C_{32}\lambda_{\mathrm{s}1}^k) / C_{33} \quad (4.34)$$

按摩擦接触力条件修正 $\lambda_{\mathrm{s}1}^{k+1}$，$\lambda_{\mathrm{s}2}^{k+1}$，$\lambda_{\mathrm{s}}^{k+1} = \sqrt{(\lambda_{\mathrm{s}1}^{k+1})^2 + (\lambda_{\mathrm{s}2}^{k+1})^2}$：

若 $\lambda_{\mathrm{s}}^{k+1} \leqslant \mu\lambda_{\mathrm{n}}^{k+1} + cA$，计算迭代误差 $err = err + (\lambda_{\mathrm{s}1}^{k+1} - \lambda_{\mathrm{s}1}^k)^2 + (\lambda_{\mathrm{s}2}^{k+1} - \lambda_{\mathrm{s}2}^k)^2$；

若 $\lambda_s^{k+1} > \mu\lambda_n^{k+1} + cA$，则修正接触力为 $\lambda_{s1}^{k+1} = \lambda_{s1}^{k+1}\dfrac{\mu\lambda_n^{k+1}}{\lambda_s^{k+1}}$，$\lambda_{s2}^{k+1} = \lambda_{s2}^{k+1}\dfrac{\mu\lambda_n^{k+1}}{\lambda_s^{k+1}}$，计算迭代

误差 $err = err + (\lambda_{s1}^{k+1} - \lambda_{s1}^{k})^2 + (\lambda_{s2}^{k+1} - \lambda_{s2}^{k})^2$；

（5）收敛性判断，若 $err < \varepsilon$ 迭代结束，否则转至步（2）。

4.4.4 考虑接触面上初始强度的模拟

设缝面初始抗拉、抗剪强度为 σ_t、σ_s，则法向接触条件修改为：

$$\lambda_n \times (-1) \leqslant \sigma_t A \tag{4.35}$$

若 $\lambda_n \times (-1) > \sigma_t A$，$\lambda_n = 0$，$\sigma_t = 0$，$\sigma_s = 0$（表示强度失效）。

切向接触条件修改为：

$$|\lambda_s| \leqslant \sigma_s A \tag{4.36}$$

若 $|\lambda_s| > \sigma_s A$，$\sigma_t = 0$，$\sigma_s = 0$　（表示强度失效）。

接触力方程迭代求解流程如下：

（1）初始化 $\boldsymbol{\lambda}^1$，给定迭代误差控制限 ε；

（2）第 $k+1$ 迭代步，误差赋初值 $err = 0$；

（3）计算法向接触力；

按下式求出法向接触力：

$$\lambda_n^{k+1} = (D_n - C_{12}\lambda_{s1}^{k} - C_{13}\lambda_{s2}^{k})/C_{11} \tag{4.37}$$

按法向接触力条件修正法向接触力 λ_n^{k+1}：

若 $\lambda_n \times (-1) > \sigma_t A$，则修正接触力为 $\lambda_n^{k+1} = 0$，$\lambda_{s1}^{k+1} = 0$，$\lambda_{s2}^{k+1} = 0$，计算迭代误差 $err = err + (\lambda_n^{k+1} - \lambda_n^{k})^2 + (\lambda_{s1}^{k+1} - \lambda_{s1}^{k})^2 + (\lambda_{s2}^{k+1} - \lambda_{s2}^{k})^2$，转至步（5）；

若 $\lambda_n \times (-1) \leqslant \sigma_t A$，计算迭代误差 $err = err + (\lambda_n^{k+1} - \lambda_n^{k})^2$，转至步（4）；

（4）计算切向接触力；

按下式计算切向接触力：

$$\lambda_{s1}^{k+1} = (D_{s1} - C_{21}\lambda_n^{k+1} - C_{23}\lambda_{s2}^{k})/C_{22} \tag{4.38}$$

$$\lambda_{s2}^{k+1} = (D_{s2} - C_{31}\lambda_n^{k+1} - C_{32}\lambda_{s1}^{k})/C_{33} \tag{4.39}$$

按摩擦接触力条件修正 λ_{s1}^{k+1}，λ_{s2}^{k+1}，$\lambda_s^{k+1} = \sqrt{(\lambda_{s1}^{k+1})^2 + (\lambda_{s2}^{k+1})^2}$：

若 $\lambda_s^{k+1} \leqslant \sigma_s A$，计算迭代误差 $err = err + (\lambda_{s1}^{k+1} - \lambda_{s1}^{k})^2 + (\lambda_{s2}^{k+1} - \lambda_{s2}^{k})^2$；

若 $\lambda_s^{k+1} > \sigma_s A$，则 $\sigma_t = 0$，$\sigma_s = 0$；

若 $\sigma_s = 0$ 且 $\lambda_s^{k+1} \leqslant \mu\lambda_n^{k+1} + cA$，计算迭代误差 $err = err + (\lambda_{s1}^{k+1} - \lambda_{s1}^{k})^2 + (\lambda_{s2}^{k+1} - \lambda_{s2}^{k})^2$；

若 $\sigma_s = 0$ 且 $\lambda_s^{k+1} > \mu\lambda_n^{k+1} + cA$，则修正接触力为 $\lambda_{s1}^{k+1} = \lambda_{s1}^{k+1}\dfrac{\mu\lambda_n^{k+1}}{\lambda_s^{k+1}}$，$\lambda_{s2}^{k+1} = \lambda_{s2}^{k+1}\dfrac{\mu\lambda_n^{k+1}}{\lambda_s^{k+1}}$，

计算迭代误差 $err = err + (\lambda_{s1}^{k+1} - \lambda_{s1}^{k})^2 + (\lambda_{s2}^{k+1} - \lambda_{s2}^{k})^2$；

（5）收敛性判断，若 $err < \varepsilon$ 迭代结束，否则转至步（2）。

4.5 自重施加方式对高拱坝地震反应的影响

在拱坝抗震计算分析中，基于结构力学的拱梁试载法通常假定由梁承担自重荷载，称为分缝自重。有限元法计算中，为简化计算，自重施加大多采用全坝竣工后一次性施加，由坝体整体承担，称为整体自重。高拱坝在实际施工过程中，分期浇筑混凝土块，分期横缝灌浆封拱后形成整体。横缝灌浆前，坝段自重产生的自身变形已经形成，不与相邻坝段共同作用，横缝不传递力；横缝灌浆形成整体后，横缝开始传递力，接着在上部高程浇筑混凝土块，此时的混凝土块自重除自身产生变形外，还由下部横缝灌浆后的坝段共同作用承担。因此高拱坝实际自重作用方式很复杂，应考虑分期横缝灌浆，自重逐步施加，分缝自重与整体自重施加方式都是一种简化方式，与实际过程都有一定出入。

朱伯芳等用有限元等效应力法和多拱梁法计算了国内外已建的二十多个拱坝，认为由于自重施加方式不同，有限元法采用整体自重一次性施加得到的坝体拉应力比拱梁分载法大得多，甚至可能大一倍，如果考虑接缝灌浆，自重逐步施加，则只有一部分自重传至两岸，有限元等效拉应力只比拱梁分载法大 25%左右。张国新等对小湾拱坝研究认为分缝自重过低估计了坝踵拉应力，整体自重高估了坝踵拉应力，建议对小湾拱坝的应力计算按 10 次以上分期浇筑、分期封拱以及分期蓄水模拟。

以上研究针对自重施加方式对拱坝静力工况的影响进行分析评价，自重施加方式对高拱坝地震动力响应的影响研究较少。郭胜山等研究了分缝自重与整体自重对乌东德拱坝地震作用下横缝开度的影响，研究结果表明，两种自重施加方式对拱坝接缝处的压应力状态有一定影响，是影响横缝张开度分布规律的主要原因，但未对两种工况对坝体在地震荷载下的应力分布进行分析。由于灌浆接缝的抗拉强度很小甚至为 0，几乎不能传递拉力，只能传递压力，地震荷载下，横缝会发生张开和闭合，释放拱向应力，导致自振周期延长和应力重分布，因此不同的自重施加方式势必带来地震荷载下不同的横缝开合状态和坝体应力分布。

以西部强震区某 300m 级拱坝为例，分析了分缝自重与整体自重施加方式下对坝体地震反应的影响。

4.5.1 有限元模型

以西南强震区某 300m 级高拱坝为研究对象，有限元模型如图 4.2～图 4.4 所示，大坝由 30 条横缝分成 31 个坝段，模型中采用 8 节点块体单元进行剖分，坝体单元尺寸在三个方向上约为 2m，沿坝体厚度方向分 20 份，模型节点总数为 1182559 个，单元总数为 1078026 个，其中坝体节点 732289 个，坝体单元 636456 个。基础范围在上下游、左右岸、坝底高程以下取两倍坝高范围。

坝体混凝土容重为 24kN/m³，静弹性模量 24GPa，泊松比 1/6，线膨胀系数 0.9×10⁻⁵/℃，动态弹性模量较静态弹性模量提高 50%。基岩静态变形模量如表 4.1 所示，动态变形模量与静态模量一致。最高水深 215.5m，静力荷载包括了自重、水荷载、淤砂压力、温度荷载。基岩地震水平峰值加速度 0.431g，其竖向峰值加速度取为水平向的 2/3，人工地震波如图 4.5 所示。

图 4.2　大坝–地基系统有限元模型

图 4.3　大坝有限元模型（上游视图）

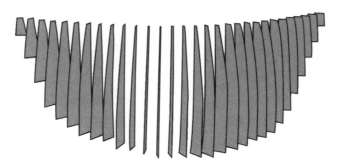

图 4.4　横缝分布图（缝号 1 号到 30 号）

表 4.1　　　　　　　　　　　　基岩静态综合变形模量（GPa）

高程（m）	左岸		右岸	
	变形模量	泊松比	变形模量	泊松比
610～590	13.17	0.26	12.26	0.26
590～560	14.44	0.26	14.01	0.26
560～520	17.58	0.26	16.71	0.26
520～480	15.56	0.26	16.83	0.26
480～440	14.96	0.26	16.10	0.26
440～400	12.98	0.26	14.74	0.26
400～370	12.21	0.26	13.41	0.26
370～350	12.43	0.26	13.32	0.26
350～332	12.23	0.26	12.29	0.26
332 以下	13.39	0.26	13.03	0.26

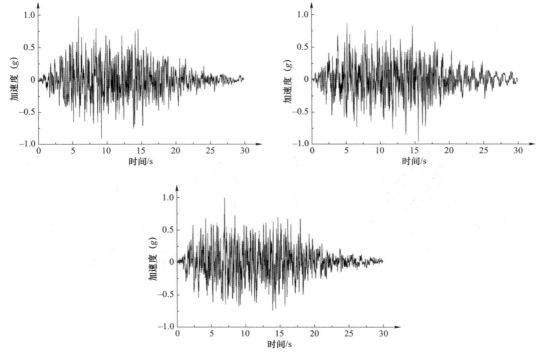

图 4.5 横河向、顺河向、竖向地震波归一化加速度时程

4.5.2 计算方案

A. 分缝自重方案：坝段自重由坝段自身承担，不与其他坝段共同作用，其他荷载由整体共同承担。

B. 整体自重方案：坝段自重与其他荷载都由整体共同承担。

4.5.3 计算结果及其分析

图 4.6、图 4.7 分别为分缝自重与整体自重上游面静态横河向应力，图 4.8、图 4.9 分别为分缝自重与整体自重下游面静态横河向应力。从以上计算结果可得：

（1）分缝自重工况下，河床坝段中上部高程上游面横河向压应力数值小于两岸靠坝肩处坝段横河向压应力数值；15 号−16 号坝段 575m 高程以上，横河向压应力基本为 0MPa；1 号−2 号坝段及 30 号−31 号坝段（除去坝踵应力集中位置外）横河向压应力数值约 2MPa。

（2）整体自重工况下，河床坝段中上部高程上游面横河向压应力数值分布大于两岸靠坝肩处坝段横河向压应力数值分布；15 号−16 号坝段 600m 高程以上，横河向压应力基本为 0.5MPa，580m 高程～600m 高程压应力约 0.5～1.0MPa；1 号−2 号坝段及 30 号−31 号坝段（除去坝踵应力集中位置外）横河向压应力数值约 0.3MPa。

（3）坝体下游面中上部高程横河向应力分布规律与坝体上游面中上部高程横河向应力分布规律相似。

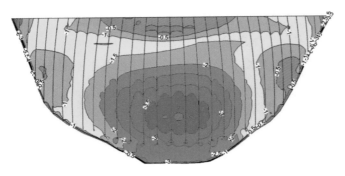

图 4.6 分缝自重上游面静态横河向应力（MPa）

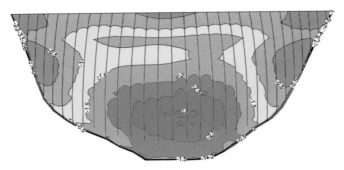

图 4.7 整体自重上游面静态横河向应力（MPa）

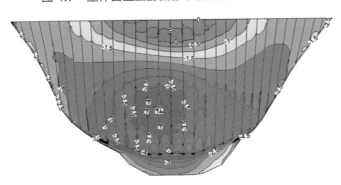

图 4.8 分缝自重下游面静态横河向应力（MPa）

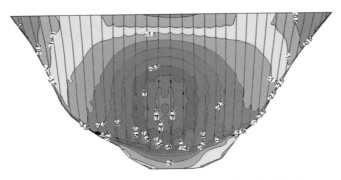

图 4.9 整体自重下游面静态横河向应力（MPa）

图4.10、图4.11分别为两种自重条件下坝顶上下游静动综合横缝开度对比；图4.12、图4.13分别为分缝自重和整体自重条件下坝体上游面静动综合主拉应力极值分布图；图4.14、图4.15分别为分缝自重和整体自重条件下坝体下游面静动综合主拉应力极值分布图。从以上计算结果可得：

（1）两种自重条件下，地震荷载作用下坝顶横缝张开度分布规律明显不同。

整体自重条件下，靠近坝肩处坝段横缝张开度明显大于河床坝段横缝张开度，横缝张开度数值38mm，出现在坝顶2号缝下游侧；

分缝自重条件下，横缝最大张开度数值12.6mm，出现在16号缝坝顶下游侧，稍微高于两岸的2缝、29缝数值；

10号缝–20号缝，分缝自重横缝张开度数值大于整体自重横缝张开度；1号缝–3号缝，27号缝–30号缝，整体自重横缝张开度数值大于分缝自重横缝张开度；

以上横缝分布规律与静力作用下横缝向压力分布规律相对应。

（2）两种自重条件下，地震荷载作用下河床坝段中上部高程应力分布规律基本一致，数值有一定差异。

河床坝段11号坝段–19号坝段，分缝自重条件下的坝体上下游面中上部高程静动综合主拉应力数值大于整体自重对应数值。整体自重条件下，该区域坝体上游面最大拉应力1.9MPa，下游面最大拉应力2.7MPa；分缝自重条件下，该区域坝体上游面最大拉应力2.7MPa，下游面最大拉应力3.4MPa。与分缝自重条件下该坝段区域坝顶横缝张开度数值大于整体自重横缝张开度的分布规律相对应。横缝开度大，表明拱向拉应力释放作用强，梁向作用相应增加，导致坝体拉应力增大。

如前所述，高拱坝在实际施工过程中，采用分期浇筑、分期灌浆的方案，分缝自重与整体自重是常用的两种简化方式。坝体上下游面中上部高程是高拱坝抗震设计中重点关注的部位。从偏于安全的角度考虑，分缝自重方式可作为高拱坝抗震分析中的荷载施加方式。

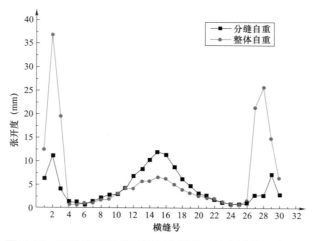

图 4.10　两种自重条件下坝顶上游静动综合横缝开度对比

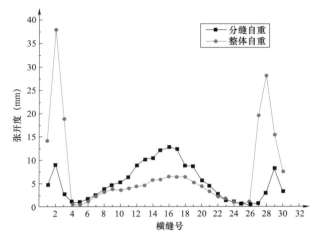

图 4.11　两种自重条件下坝顶下游静动综合横缝开度对比

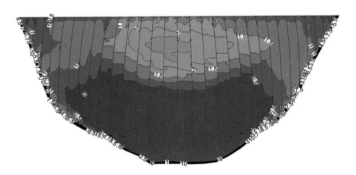

图 4.12　分缝自重上游面静动综合主拉应力极值（MPa）

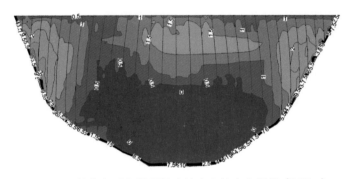

图 4.13　整体自重上游面静动综合主拉应力极值（MPa）

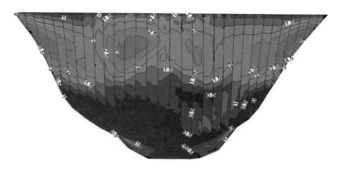

图 4.14　分缝自重下游面静动综合主拉应力极值（MPa）

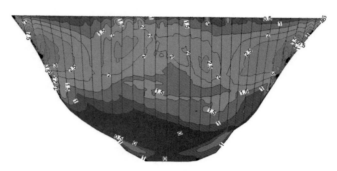

图 4.15　整体自重下游面静动综合主拉应力极值（MPa）

4.6　横缝切向错动对高拱坝地震反应的影响

以西部强震区某 300m 级拱坝为例，分析了横缝有无切向错动对坝体地震反应的影响。有限元模型、荷载条件与上一节一致。

4.6.1　计算方案

A.横缝无切向错动方案：假定键槽能够完全限制横缝的切向运动，只考虑了横缝的张开和闭合，主要体现了横缝张开对拱向拉应力的释放作用。

B.横缝允许切向错动方案：假定横缝无键槽，横缝可张开、闭合、错动，横缝的切向错动服从库伦摩擦模型。

4.6.2　计算结果及其分析

（1）图 4.16 和图 4.17 分别为两种工况下坝顶上下游静动综合横缝开度对比。从以上计算结果可得：

两种工况下横缝开度分布规律总体上接近。横缝无切向错动方案，最大张开度数值为 12.6mm，位置发生在坝顶 16 号横缝下游；横缝允许切向错动方案，最大张开度数值为 13.6mm，位置发生在坝顶 18 号横缝下游。图 4.18 为横缝允许切向错动方案坝顶上下游静动综合横缝错动量。横缝最大滑移量数值为 23.1mm，位置发生在坝顶 12 号横缝上游。

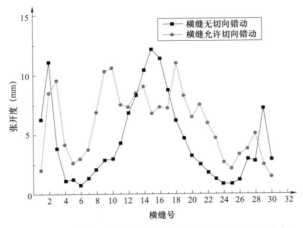

图 4.16　两种工况坝顶上游静动综合横缝开度对比

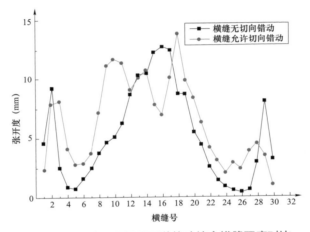

图 4.17　两种工况坝顶下游静动综合横缝开度对比

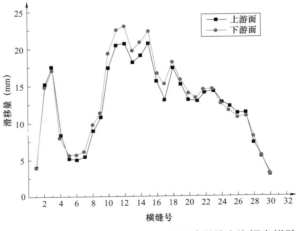

图 4.18　坝顶上下游静动综合横缝错动量（横缝允许切向错动方案）

（2）图 4.19～图 4.26 为两种工况下坝体上下游面静动综合主拉应力和竖向应力极值分布图。下游面最大主拉应力数值及其对应的应力分量见表 4.2。从以上计算结果可得：

两种工况下上游面中上部静动综合主拉应力主要由竖向应力控制。横缝允许切向错动方案中的静动综合主拉应力和竖向应力数值明显大于横缝无切向错动方案中的静动综合主拉应力和竖向应力数值。横缝允许切向错动方案中的静动综合最大主拉应力和竖向应力数值分别为 6.5MPa 和 5.6MPa；横缝无切向错动方案中的静动综合最大主拉应力和竖向应力数值分别为 2.7MPa 和 2.3MPa。

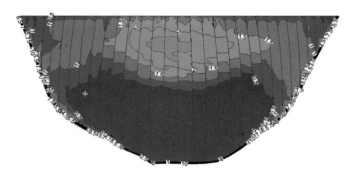

图 4.19　上游面静动综合主拉应力极值（MPa）（横缝无切向错动方案）

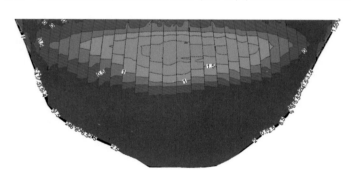

图 4.20　上游面静动综合竖向应力极值（MPa）（横缝无切向错动方案）

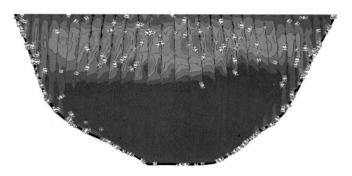

图 4.21　上游面静动综合主拉应力极值（MPa）（横缝允许切向错动方案）

图 4.22 上游面静动综合竖向应力极值（MPa）（横缝允许切向错动方案）

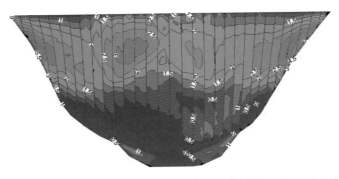

图 4.23 下游面静动综合主拉应力极值（MPa）（横缝无切向错动方案）

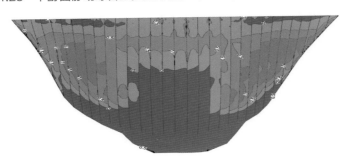

图 4.24 下游面静动综合竖向应力极值（MPa）（横缝无切向错动方案）

图 4.25 下游面静动综合主拉应力极值（MPa）（横缝允许切向错动方案）

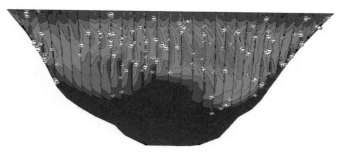

图4.26　下游面静动综合竖向应力极值（MPa）（横缝允许切向错动方案）

表4.2　下游面最大主拉应力数值及其对应的应力分量（MPa）
（横缝无切向错动方案）

σ_1	σ_x	σ_y	σ_z	τ_{yz}	τ_{xz}	τ_{xy}
3.35	0.35	-0.01	-0.34	-1.09	**3.16**	-0.02

　　横缝允许切向错动方案中下游面中上部静动综合主拉应力主要由竖向应力控制，最大主拉应力和竖向应力数值分别为 4.2MPa 和 3.8MPa。横缝无切向错动方案中，下游面中上部静动综合最大主拉应力数值为 3.35MPa，由剪应力数值 3.16MPa 控制。

　　总体上，横缝允许切向错动方案中坝体主拉应力数值明显大于横缝无切向错动方案中的数值。横缝允许切向错动方案中，当横缝张开时，切向运动是自由的，加剧了相应坝段的顺河向振动，竖向应力增大。对于后者，坝段间的切向运动被限制后，坝体的整体性增强，减小了坝体的顺河向振动。在我国高拱坝建设中，多采用球形键槽，地震作用下横缝张开后键槽允许一定的错动，其力学机制更加复杂。以上两种简化条件的计算结果可作为实际工作状态的上下限。

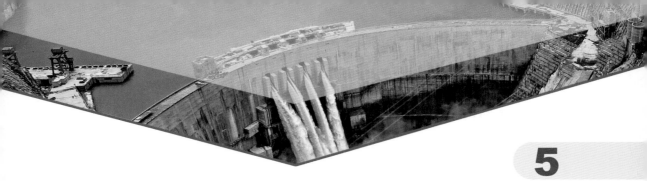

5
混凝土与基岩材料非线性模型

5.1 引言

已有震害表明，强震条件下，坝体混凝土会出现裂缝，以线弹性材料模型为基础的最大应力准则已不能满足研究高混凝土坝的抗震性能。因此除了考虑各类接触非线性外，还需考虑坝体混凝土材料非线性揭示强震条件下高混凝土坝的地震反应。柯依那重力坝、帕柯依玛拱坝在地震中坝踵位置未受到破坏，并且坝基交界面胶结良好，这一点与线弹性计算模型中的应力集中相矛盾。实际上，基岩通常都有一定程度的裂隙而具有很低的抗拉强度，岩体的微裂隙张开使拉应力释放。研究混凝土与基岩材料非线性对高坝抗震安全有着重要意义，是近年来高坝抗震学科的重要发展趋势。

5.2 应力分析中几个常用定义

5.2.1 应力分量及其不变量

应力分量的矢量形式：

$$\boldsymbol{\sigma} = [\sigma_{xx} \quad \sigma_{yy} \quad \sigma_{zz} \quad \tau_{xy} \quad \tau_{yz} \quad \tau_{zx}]^T \tag{5.1}$$

应变分量的矢量形式：

$$\boldsymbol{\varepsilon} = [\varepsilon_{xx} \quad \varepsilon_{yy} \quad \varepsilon_{zz} \quad \gamma_{xy} \quad \gamma_{yz} \quad \gamma_{zx}]^T \tag{5.2}$$

其中 γ 为工程剪应变，$\gamma_{xy} = 2\varepsilon_{xy}$。

第一应力不变量：

$$I_1 = \sigma_1 + \sigma_2 + \sigma_3 \tag{5.3}$$

式中，σ_1，σ_2，σ_3 表示主应力。

第二应力不变量：

$$I_2 = \sigma_1\sigma_2 + \sigma_2\sigma_3 + \sigma_3\sigma_1 \tag{5.4}$$

第三应力不变量：

$$I_3 = \sigma_1\sigma_2\sigma_3 \tag{5.5}$$

5.2.2 偏应力分量及其不变量

在应力分析中，经常把应力分量分解成两部分，一部分是静水压力，也就是平均正应力 σ_m：

$$\sigma_m = \frac{1}{3}(\sigma_{xx} + \sigma_{yy} + \sigma_{zz}) = \frac{1}{3}I_1 \tag{5.6}$$

而另一部分是应力分量中去除平均正应力的部分，称为偏应力分量：

$$\begin{aligned}
\boldsymbol{s} &= [s_{xx} \quad s_{yy} \quad s_{zz} \quad s_{xy} \quad s_{yz} \quad s_{zx}]^T \\
&= [\sigma_{xx} - \sigma_m \quad \sigma_{yy} - \sigma_m \quad \sigma_{zz} - \sigma_m \quad \tau_{xy} \quad \tau_{yz} \quad \tau_{zx}]^T
\end{aligned} \tag{5.7}$$

第一偏应力不变量：

$$J_1 = s_{xx} + s_{yy} + s_{zz} = 0 \tag{5.8}$$

第二偏应力不变量：

$$\begin{aligned}
J_2 &= \frac{1}{6}[(\sigma_{xx} - \sigma_{yy})^2 + (\sigma_{yy} - \sigma_{zz})^2 + (\sigma_{zz} - \sigma_{xx})^2] + \tau_{xy}^2 + \tau_{yz}^2 + \tau_{zx}^2 \\
&= \frac{1}{6}[(\sigma_1 - \sigma_2)^2 + (\sigma_2 - \sigma_3)^2 + (\sigma_3 - \sigma_1)^2]
\end{aligned} \tag{5.9}$$

第三偏应力不变量：

$$J_3 = s_1 s_2 s_3 \tag{5.10}$$

并且存在以下关系：

$$\cos 3\theta = \frac{3\sqrt{3}}{2}\frac{J_3}{J_2^{3/2}} \tag{5.11}$$

各类屈服面破坏准则一般由 I_1，J_2，θ 表示为 $f(I_1, J_2, \theta) = 0$。

常用的应力不变量对应力的导数：

$$\frac{\partial I_1}{\partial \boldsymbol{\sigma}} = [1 \quad 1 \quad 1 \quad 0 \quad 0 \quad 0]^T \tag{5.12}$$

$$\frac{\partial J_2}{\partial \boldsymbol{\sigma}} = [s_{xx} \quad s_{yy} \quad s_{zz} \quad 2\tau_{xy} \quad 2\tau_{yz} \quad 2\tau_{zx}]^T \tag{5.13}$$

5.3 弹塑性力学模型

5.3.1 弹塑性力学模型概述

弹塑性力学框架包括屈服准则、加卸载准则、流动法则和强化法则。

（1）屈服准则

在应力空间上，屈服面函数定义了弹性与塑性的边界，在数学上可如下定义：

$$\begin{cases} f < 0 & 弹性状态 \\ f = 0 & 塑性状态 \end{cases} \qquad (5.14)$$

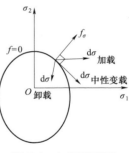

图 5.1　加卸载准则

（2）加卸载准则

如图 5.1 所示，对于强化材料，当应力状态向移出屈服面的方向发展，称为加载过程，并产生塑性变形；当应力状态向屈服面以内移动，称为卸载过程，这个过程不产生塑性变形；当应力状态沿着屈服面移动，称为中性变载，不产生塑性变形，在数学上可表示为：

$$\begin{cases} f = 0 & \mathrm{d}f = \dfrac{\partial f}{\partial \boldsymbol{\sigma}}\mathrm{d}\boldsymbol{\sigma} > 0 & 加载 \\[2mm] f = 0 & \mathrm{d}f = \dfrac{\partial f}{\partial \boldsymbol{\sigma}}\mathrm{d}\boldsymbol{\sigma} = 0 & 中性变载 \\[2mm] f = 0 & \mathrm{d}f = \dfrac{\partial f}{\partial \boldsymbol{\sigma}}\mathrm{d}\boldsymbol{\sigma} < 0 & 卸载 \end{cases} \qquad (5.15)$$

对于理想塑性材料，加载准则如下定义：

$$\begin{cases} f = 0 & \mathrm{d}f = \dfrac{\partial f}{\partial \boldsymbol{\sigma}}\mathrm{d}\boldsymbol{\sigma} = 0 & 加载或中性变载 \\[2mm] f = 0 & \mathrm{d}f = \dfrac{\partial f}{\partial \boldsymbol{\sigma}}\mathrm{d}\boldsymbol{\sigma} < 0 & 卸载 \end{cases} \qquad (5.16)$$

塑性力学的提出主要用于处理强化材料或理想塑性材料，近年来也有学者提出了塑性力学处理软化材料的方法，但真正应用的不多，大多数情况是假设为理想塑性材料。

（3）流动法则

流动法则用于描述加载过程中产生的塑性应变的大小和方向，其名称源于流体力学流动问题。在塑性力学中，流动法则如下定义：

$$\mathrm{d}\boldsymbol{\varepsilon}^{\mathrm{p}} = \mathrm{d}\lambda\frac{\partial G}{\partial \boldsymbol{\sigma}} \qquad (5.17)$$

其中，$\mathrm{d}\lambda$ 是一个待定的非负参数，称为塑性因子，需要加载过程中求解。G 称为塑性势函数或流动势函数。若塑性势函数 G 等于屈服面函数 f，则塑性应变与屈服面函数正交，称为相关流动法则；若塑性势函数 G 与屈服面函数 f 不等，则称为非相关流动法则。图 5.2 所示为材料相关流动法则，图 5.3 所示为材料非相关流动法则。

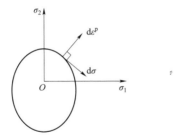

图 5.2　材料相关流动法则（$G = f$）

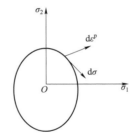

图 5.3　材料非相关流动法则（$G \neq f$）

（4）强化法则

屈服面在初始屈服后随着加载发生演化，这个演化规则称为强化法则。材料按在屈服后是否发生强化分为强化材料和理想塑性材料。理想塑性材料的屈服面在屈服后不发生变化。金属材料一般为强化材料，地质类材料则通常按理想塑性材料处理。强化法则大致分为三类：各向同性强化、随动强化、混合强化。目前应用较多的是屈服面发生均匀膨胀的各向同性强化法则，其数学表达式为：

$$f(\boldsymbol{\sigma}, \boldsymbol{\kappa}) = f_0(\boldsymbol{\sigma}, \boldsymbol{\kappa}) - k(\boldsymbol{\kappa}) = 0 \tag{5.18}$$

其中，$k(\boldsymbol{\kappa})$ 是一个强化函数，用来表征屈服面的膨胀。$\boldsymbol{\kappa}$ 是一个强化参数，通常跟塑性应变有关。图 5.4 所示为各向同性强化。

5.3.2 两种典型屈服模型

（1）摩尔-库仑屈服准则

如图 5.5 所示，摩尔-库仑准则（简称 MC 准则）认为材料在某点的破坏取决于此点上某平面上的剪应力是否达到与平面上的法向应力相关的最大抗剪强度，库仑摩擦模型提出了求解平面上最大抗剪强度数学函数为：

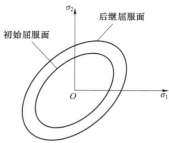

图 5.4 各向同性强化

$$\tau = c - \sigma \tan \varphi \tag{5.19}$$

其中，c 为黏聚力，φ 为内摩擦角，两者为材料的材料特性，通过试验确定。在摩尔圆上，可以得到：

$$\tau = \frac{\sigma_1 - \sigma_3}{2} \cos \varphi \tag{5.20}$$

$$\sigma = \frac{\sigma_1 + \sigma_3}{2} + \frac{\sigma_1 - \sigma_3}{2} \sin \varphi \tag{5.21}$$

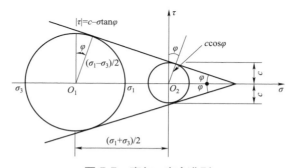

图 5.5 摩尔-库仑准则

将式（5.20）、式（5.21）代入式（5.19）中可得：

$$\frac{\sigma_1}{f'_t} - \frac{\sigma_3}{f'_c} = 1 \tag{5.22}$$

其中 $f_t' = \dfrac{2c \cdot \cos\varphi}{1 + \sin\varphi}$ ， $f_c' = \dfrac{2c \cdot \cos\varphi}{1 - \sin\varphi}$ 分别表示简单拉伸和压缩强度。

以应力不变量表示为：

$$f(I_1, J_2, \theta) = \frac{1}{3} I_1 \sin\varphi + \sqrt{J_2} \sin\left(\theta + \frac{\pi}{3}\right) +$$
$$\frac{\sqrt{J_2}}{\sqrt{3}} \cos\left(\theta + \frac{\pi}{3}\right) \sin\varphi - c\cos\varphi = 0 \qquad \left(0 \leqslant \theta \leqslant \frac{\pi}{3}\right) \qquad （5.23）$$

摩尔－库仑准则是一种静水相关性材料，这是地质类材料与金属类材料的破坏准则的重要区别。当摩擦角为 0 时，即退化为与静水无关的冯·米塞斯准则。

在主应力空间中，摩尔－库仑屈服面是不规则六面锥体。图 5.6 所示为平面上的 MC 准则，图 5.7 为主应力空间中的 MC 准则。

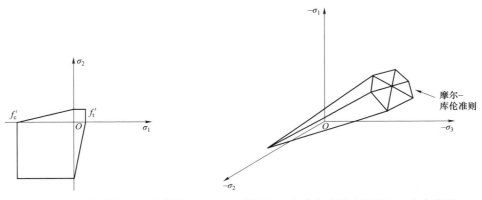

图 5.6　$\sigma_1 - \sigma_2$ 平面上的摩尔－库仑准则　　　图 5.7　主应力空间中的摩尔－库仑准则

（2）德鲁克－普拉格屈服准则

德鲁克－普拉格模型（简称 DP 模型）是对摩尔－库仑模型的修正和改进。摩尔－库仑六边形屈服面是不光滑且是有尖角的，而这些六边形尖角在计算流动势时存在数值计算的困难，而德鲁克－普拉格屈服准则正是对摩尔－库仑屈服面的光滑近似。屈服面函数数学表达式为：

$$f = \alpha I_1 + \sqrt{J_2} - k \qquad （5.24）$$

式中，I_1，J_2 分别表示第一应力张量不变量和第二应力偏量不变量，α、k 分别由摩擦角 φ 和黏聚力 c 确定。图 5.8 所示为平面上的 DP 准则，图 5.9 为主应力空间的 DP 准则。

德鲁克－普拉格准则通过调整圆锥的大小适应摩尔－库仑准则屈服面，若圆锥面的母线沿着摩尔－库仑屈服面的受拉子午线，则得到摩尔－库仑准则屈服面的内边界，α、k 与摩擦角 φ 和黏聚力 c 的关系为：

$$\alpha = \frac{2\sin\varphi}{\sqrt{3}(3 + \sin\varphi)} \quad k = \frac{6c \cdot \cos\varphi}{\sqrt{3}(3 + \sin\varphi)} \qquad （5.25）$$

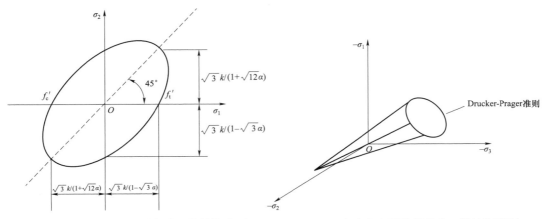

图 5.8　$\sigma_1 - \sigma_2$ 平面上的德鲁克－普拉格准则　　　图 5.9　主应力空间的德鲁克－普拉格准则

若圆锥面沿着摩尔－库仑屈服面的受压子午线，则得到摩尔－库仑准则屈服面的外边界，α、k 与摩擦角 φ 和黏聚力 c 的关系为：

$$\alpha = \frac{2\sin\varphi}{\sqrt{3}(3-\sin\varphi)} \quad k = \frac{6c \cdot \cos\varphi}{\sqrt{3}(3-\sin\varphi)} \tag{5.26}$$

5.3.3　本构积分数值算法

图形返回算法是一种基于预测－校正方法的本构积分数值算法，包括弹性预测，塑性校正。如图 5.10 所示，图形返回算法包括一个初始的弹性预测步，当其偏离屈服面后，以塑性调整使应力返回到屈服面上。根据积分方法可以分为显式算法、完全隐式算法、半隐式向后欧拉算法。本书在时间域上采用基于中心差分与向前单边差分相结合的显式算法，因此本构积分数值算法采用与之相对应向前差分的显式算法。

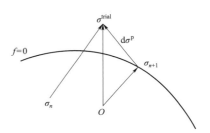

图 5.10　图形返回算法示意图

本构方程：

$$\mathrm{d}\boldsymbol{\sigma} = \boldsymbol{D}(\mathrm{d}\boldsymbol{\varepsilon} - \mathrm{d}\boldsymbol{\varepsilon}^{\mathrm{p}}) \tag{5.27}$$

流动法则：

$$\mathrm{d}\boldsymbol{\varepsilon}^{\mathrm{p}} = \mathrm{d}\lambda \frac{\partial G}{\partial \boldsymbol{\sigma}} \tag{5.28}$$

强化法则：

$$\mathrm{d}\boldsymbol{\kappa} = \mathrm{d}\lambda \frac{\partial h}{\partial \boldsymbol{\sigma}} \tag{5.29}$$

一致性条件：

$$df = \frac{\partial f}{\partial \boldsymbol{\sigma}} d\boldsymbol{\sigma} + \frac{\partial f}{\partial \boldsymbol{\kappa}} d\boldsymbol{\kappa} = 0 \tag{5.30}$$

加卸载准则：

$$d\lambda \geqslant 0 \quad f \leqslant 0 \quad d\lambda \cdot f \leqslant 0 \tag{5.31}$$

向前欧拉积分算法：

$$\boldsymbol{\varepsilon}_{n+1}^{\mathrm{p}} = \boldsymbol{\varepsilon}_n^{\mathrm{p}} + d\lambda_n \frac{\partial G_n}{\partial \boldsymbol{\sigma}} \tag{5.32}$$

$$\boldsymbol{\kappa}_{n+1} = \boldsymbol{\kappa}_n + d\lambda_n \frac{\partial h_n}{\partial \boldsymbol{\sigma}} \tag{5.33}$$

在时刻 n 给出了一组 $\boldsymbol{\sigma}_n$，$\boldsymbol{\varepsilon}_n$，$\boldsymbol{\varepsilon}_n^{\mathrm{p}}$，$\boldsymbol{\kappa}_n$，$f_n$，$G_n$，$h_n$ 和应变增量 $d\boldsymbol{\varepsilon}$，求解 $\boldsymbol{\varepsilon}_{n+1}$，$\boldsymbol{\varepsilon}_{n+1}^{\mathrm{p}}$，$\boldsymbol{\kappa}_{n+1}$，$\boldsymbol{\sigma}_{n+1}$。

求解流程如下：

第一步　弹性预测：

$$d\boldsymbol{\sigma} = \boldsymbol{D} d\boldsymbol{\varepsilon} \tag{5.34}$$

$$\boldsymbol{\sigma}_{n+1} = \boldsymbol{\sigma}_n + d\boldsymbol{\sigma} \tag{5.35}$$

代入 $f(\boldsymbol{\sigma}_{n+1}, \boldsymbol{\kappa}_n)$，若 $f(\boldsymbol{\sigma}_{n+1}, \boldsymbol{\kappa}_n) < 0$，没有新的塑性发生；若 $f(\boldsymbol{\sigma}_{n+1}, \boldsymbol{\kappa}_n) > 0$，材料屈服，进入第二步。

第二步　塑性校正：

记 $f(x_n, y_n) = f_n$，$\left(\dfrac{\partial f}{\partial x}\right)_n = \dfrac{\partial f_n}{\partial x}$

$$
\begin{aligned}
df &= \frac{\partial f_n}{\partial \boldsymbol{\sigma}}^{\mathrm{T}} d\boldsymbol{\sigma} + \frac{\partial f_n}{\partial \boldsymbol{\kappa}}^{\mathrm{T}} d\boldsymbol{\kappa} = \frac{\partial f_n}{\partial \boldsymbol{\sigma}}^{\mathrm{T}} \boldsymbol{D}\left(d\boldsymbol{\varepsilon} - d\lambda_n \frac{\partial G_n}{\partial \boldsymbol{\sigma}}\right) + \frac{\partial f_n}{\partial \boldsymbol{\kappa}}^{\mathrm{T}} d\lambda_n \frac{\partial h_n}{\partial \boldsymbol{\sigma}} \\
&= \frac{\partial f_n}{\partial \boldsymbol{\sigma}}^{\mathrm{T}} \boldsymbol{D} d\boldsymbol{\varepsilon} - d\lambda_n \frac{\partial f_n}{\partial \boldsymbol{\sigma}}^{\mathrm{T}} \boldsymbol{D} \frac{\partial G_n}{\partial \boldsymbol{\sigma}} + d\lambda_n \frac{\partial f_n}{\partial \boldsymbol{\kappa}}^{\mathrm{T}} \frac{\partial h_n}{\partial \boldsymbol{\sigma}} = 0
\end{aligned}
\tag{5.36}
$$

由式（5.36）得：

$$d\lambda_n = \frac{\dfrac{\partial f_n}{\partial \boldsymbol{\sigma}}^{\mathrm{T}} \boldsymbol{D} d\boldsymbol{\varepsilon}}{\dfrac{\partial f_n}{\partial \boldsymbol{\sigma}}^{\mathrm{T}} \boldsymbol{D} \dfrac{\partial G_n}{\partial \boldsymbol{\sigma}} - \dfrac{\partial f_n}{\partial \boldsymbol{\kappa}}^{\mathrm{T}} \dfrac{\partial h_n}{\partial \boldsymbol{\sigma}}} \tag{5.37}$$

将式（5.37）代入式（5.32）、式（5.33）中得 $\boldsymbol{\varepsilon}_{n+1}^{\mathrm{p}}$，$\boldsymbol{\kappa}_{n+1}$，由此可得：

$$\boldsymbol{\varepsilon}_{n+1} = \boldsymbol{\varepsilon}_n + d\boldsymbol{\varepsilon} \tag{5.38}$$

$$\boldsymbol{\sigma}_{n+1} = \boldsymbol{D}(\boldsymbol{\varepsilon}_{n+1} - \boldsymbol{\varepsilon}_{n+1}^{\mathrm{p}}) \tag{5.39}$$

显式积分格式的图形返回算法采用一步预测－校正，无须迭代求解非线性代数方程组，是有条件稳定的，适用于小步长情况。

在上面的方法中，基于上一步的状态塑性修正后的下一步应力状态并不精确满足 $f_{n+1} = f(\boldsymbol{\sigma}_{n+1}, \boldsymbol{\kappa}_{n+1}) = 0$。借鉴完全隐式的图形返回算法，强化屈服条件，控制应力状态从屈服面漂移。将一致性条件式（5.30）强化为：

$$f_{n+1} = f(\boldsymbol{\sigma}_{n+1}, \boldsymbol{\kappa}_{n+1}) = 0 \tag{5.40}$$

将式（5.40）采用以下格式线性化：

$$\begin{aligned} f(\boldsymbol{\sigma}_{n+1}, \boldsymbol{\kappa}_{n+1}) &= f(\boldsymbol{\sigma}_n, \boldsymbol{\kappa}_n) + \mathrm{d}f = f_n + \frac{\partial f_n^{\mathrm{T}}}{\partial \boldsymbol{\sigma}} \mathrm{d}\boldsymbol{\sigma} + \frac{\partial f_n^{\mathrm{T}}}{\partial \boldsymbol{\kappa}} \mathrm{d}\boldsymbol{\kappa} \\ &= f_n + \frac{\partial f_n^{\mathrm{T}}}{\partial \boldsymbol{\sigma}} \boldsymbol{D} \mathrm{d}\boldsymbol{\varepsilon} - \mathrm{d}\lambda_n \frac{\partial f_n^{\mathrm{T}}}{\partial \boldsymbol{\sigma}} \boldsymbol{D} \frac{\partial G_n}{\partial \boldsymbol{\sigma}} + \mathrm{d}\lambda_n \frac{\partial f_n^{\mathrm{T}}}{\partial \boldsymbol{\kappa}} \frac{\partial h_n}{\partial \boldsymbol{\sigma}} = 0 \end{aligned} \tag{5.41}$$

$$\mathrm{d}\lambda_n = \frac{f_n + \dfrac{\partial f_n^{\mathrm{T}}}{\partial \boldsymbol{\sigma}} \boldsymbol{D} \mathrm{d}\boldsymbol{\varepsilon}}{\dfrac{\partial f_n^{\mathrm{T}}}{\partial \boldsymbol{\sigma}} \boldsymbol{D} \dfrac{\partial G_n}{\partial \boldsymbol{\sigma}} - \dfrac{\partial f_n^{\mathrm{T}}}{\partial \boldsymbol{\kappa}} \dfrac{\partial h_n}{\partial \boldsymbol{\sigma}}} \tag{5.42}$$

将式（5.42）代入式（5.32）、式（5.33）、式（5.38）、式（5.39）中，求解 $\boldsymbol{\varepsilon}_{n+1}$，$\boldsymbol{\varepsilon}_{n+1}^{\mathrm{p}}$，$\boldsymbol{\kappa}_{n+1}$，$\boldsymbol{\sigma}_{n+1}$。

下面将上述算法具体应用到德鲁克−普拉格弹塑性模型。

屈服函数：

$$f = \alpha I_1 + \sqrt{J_2} - k \tag{5.43}$$

塑性势函数按相关流动法则：

$$G = \alpha I_1 + \sqrt{J_2} - k \tag{5.44}$$

流动法则：

$$\mathrm{d}\boldsymbol{\varepsilon}^p = \mathrm{d}\lambda \frac{\partial G}{\partial \boldsymbol{\sigma}} \tag{5.45}$$

硬化模型：理想塑性材料

在时刻 n 给出了一组 $\boldsymbol{\sigma}_n$，$\boldsymbol{\varepsilon}_n$，$\boldsymbol{\varepsilon}_n^{\mathrm{p}}$，$\boldsymbol{\kappa}_n$，$f_n$，$G_n$，$h_n$ 和应变增量 $\mathrm{d}\boldsymbol{\varepsilon}$，求解 $\boldsymbol{\varepsilon}_{n+1}$，$\boldsymbol{\varepsilon}_{n+1}^{\mathrm{p}}$，$\boldsymbol{\kappa}_{n+1}$，$\boldsymbol{\sigma}_{n+1}$。

第一步　弹性预测：

由式（5.34），式（5.35），式（5.3），式（5.9）得 $f(\boldsymbol{\sigma}_{n+1}, \boldsymbol{\kappa}_n)$，若 $f(\boldsymbol{\sigma}_{n+1}, \boldsymbol{\kappa}_n) < 0$，没有新的塑性发生；若 $f(\boldsymbol{\sigma}_{n+1}, \boldsymbol{\kappa}_n) > 0$，材料屈服，进入第二步。

第二步　塑性校正：

$$\frac{\partial f}{\partial \boldsymbol{\sigma}} = \alpha \frac{\partial I_1}{\partial \boldsymbol{\sigma}} + \frac{1}{2} J_2^{-\frac{1}{2}} \frac{\partial J_2}{\partial \boldsymbol{\sigma}} \tag{5.46}$$

$$\frac{\partial G}{\partial \boldsymbol{\sigma}} = \alpha \frac{\partial I_1}{\partial \boldsymbol{\sigma}} + \frac{1}{2} J_2^{-\frac{1}{2}} \frac{\partial J_2}{\partial \boldsymbol{\sigma}} \tag{5.47}$$

$$D = \frac{E(1-\upsilon)}{(1+\upsilon)(1-2\upsilon)} \begin{bmatrix} 1 & \dfrac{\upsilon}{1-\upsilon} & \dfrac{\upsilon}{1-\upsilon} & 0 & 0 & 0 \\ \dfrac{\upsilon}{1-\upsilon} & 1 & \dfrac{\upsilon}{1-\upsilon} & 0 & 0 & 0 \\ \dfrac{\upsilon}{1-\upsilon} & \dfrac{\upsilon}{1-\upsilon} & 1 & 0 & 0 & 0 \\ 0 & 0 & 0 & \dfrac{1-2\nu}{2(1-\nu)} & 0 & 0 \\ 0 & 0 & 0 & 0 & \dfrac{1-2\nu}{2(1-\nu)} & 0 \\ 0 & 0 & 0 & 0 & 0 & \dfrac{1-2\nu}{2(1-\nu)} \end{bmatrix} \quad (5.48)$$

将式（5.12）、式（5.13）、式（5.46）、式（5.47）、式（5.48）代入式（5.42）求得 $d\lambda_n$。

将 $d\lambda_n$ 代入式（5.32）、式（5.33）、式（5.38）、式（5.39）中，求解 ε_{n+1}，$\varepsilon_{n+1}^{\mathrm{p}}$，$\kappa_{n+1}$，$\sigma_{n+1}$。

5.4 损伤力学模型

5.4.1 损伤力学概述

损伤力学是一门在连续介质力学框架范围内研究材料微裂隙和微孔洞萌生、发展，宏观裂纹的形成、裂纹的稳定和不稳定扩展等非线性力学行为的学科。损伤力学模型包括选择合适的损伤变量描述材料的内部状态，定义损伤变化的演化法则描述材料的不同破坏程度，建立损伤本构方程。

（1）损伤变量的选择

在材料内部，将所有微裂隙和微孔洞描述为材料的微缺陷，材料相关属性随着这些微缺陷的变化而发生变化。这些微缺陷非连续的存在于材料内部，在连续介质力学的框架内，需要一个无量纲量来定义这些微缺陷所带来的材料属性失效效应，这个量类似于塑性力学的塑性应变。

损伤变量值定义为：

$$d = \frac{S_{\mathrm{d}}}{S} \quad (5.49)$$

其中损伤变量 d 称为损伤因子，S_{d} 为受力截面失效面积，S 为受力截面总面积。取值范围为：$0 \leqslant d \leqslant 1$。$d=0$ 表示材料完好；$d=1$ 表示材料完全丧失承载能力；$0 < d < 1$ 表示材料处于不同程度的损伤。

有效应力概念：

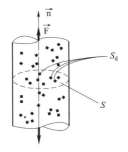

图 5.11 单轴损伤受力示意图

以单轴拉伸为例，如图 5.11 所示，通常概念上的应力或称为柯西应力为：

$$\sigma = \frac{F}{S} \qquad (5.50)$$

在拉应力作用下，微缺陷张开，没有承担力，因此承担力 F 的实际面积为 $S - S_d$，引入有效应力的概念：

$$\hat{\sigma} = \frac{F}{S - S_d} \qquad (5.51)$$

有效应力与柯西应力的关系为：

$$\hat{\sigma} = \frac{\sigma}{1 - d} \qquad (5.52)$$

以上为受拉荷载作用下定义的有效应力，在循环荷载作用下，荷载从拉力转换为压力时，一部分微缺陷会闭合承担压力，因此承担力 F 的实际面积大于 $S - S_d$，因此还要引入拉压转化的影响因子来描述循环荷载作用下的等效损伤变量。

损伤后弹性模量的定义：

应变等价原理（J.Lemaitre，1971）：任何对于损伤材料所建立的应变本构方程都可以用与对应无损材料同样的方式导出，只是其中的通常应力须用有效应力代替。

对于无损材料

$$\varepsilon = \frac{\sigma}{E_0} \qquad (5.53)$$

对应损伤材料，应用应变等价原理将应力换成有效应力：

$$\varepsilon = \frac{\sigma}{E_0} = \frac{\frac{\sigma}{1-d}}{E_0} = \frac{\sigma}{(1-d)E_0} \qquad (5.54)$$

因此，损伤后的弹性模量定义为：

$$E = E_0(1 - d) \qquad (5.55)$$

（2）损伤演化关系

损伤演化关系描述了材料的不同程度破坏，根本上是材料所固有的属性。因此，损伤因子的演化准则应与材料试验参数联系起来。目前，主要以材料试验中的位移或应变建立与损伤因子的关系，一般包括总应变与损伤因子的关系、由于损伤引起的附加损伤应变与损伤因子的关系、不可恢复的残余应变与损伤因子的关系。

（3）损伤本构方程

损伤本构方程是损伤力学的核心，只有建立了损伤本构方程，才能真正应用于结构分析中。损伤本构方程包括只考虑材料损伤引起弹性模量下降的弹性损伤模型、由弹性损伤模型发展的各向异性损伤模型、同时考虑材料损伤引起的弹性模量下降和不可恢复残余变形的损伤模型。

本书将损伤模型中应用于混凝土和岩体材料中采用了以下基本假定：

1）混凝土材料抗拉强度远低于其抗压强度，结合高坝工程实际情况，损伤及破坏主要受抗拉强度控制，不考虑材料由于受压引起的损伤。

2）岩体材料与混凝材料类似，受拉强度远低于受压强度。因此，本书对岩体材料只考虑受拉损伤不考虑受压损伤。

3）本文中的损伤模型都基于各向同性损伤的假定，不考虑各向异性损伤。

5.4.2　弹性损伤模型

如图 5.12 所示：

$$\varepsilon = \varepsilon^e + \varepsilon^d \tag{5.56}$$

其中，ε 表示总应变量，ε^e 表示初始弹模对应的弹性应变，ε^d 表示由于损伤引起的附加应变，称为损伤应变或开裂应变。

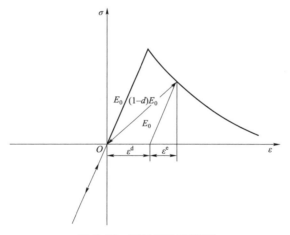

图 5.12　弹性损伤示意图

混凝土损伤本构关系：

$$\sigma = E\varepsilon = (1-d)E_0\varepsilon \tag{5.57}$$

损伤演变方程：

$$d_t = d_t(\varepsilon) \tag{5.58}$$

上式以总应变与受拉损伤因子 d_t 建立联系，ε_0 表示弹性极限拉伸应变，受拉损伤因子随着应变的增加而增加，$0 \leqslant d_t \leqslant 1$。图 5.13 所示为受拉损伤因子与应变关系图。

多轴到单轴的转换：

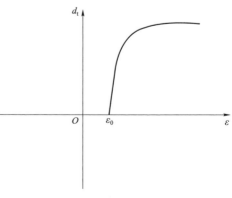

图 5.13　受拉损伤因子与应变关系

对于复杂应力状态，以权重因子表征等效损伤变量，并体现拉压不同损伤演化规律的相互影响及"单边效应"。参照文献［78］对多轴问题的探讨，定义权重因子为：

$$r(\hat{\sigma})=\frac{\sum_{i=1}^{3}\langle\hat{\sigma}_i\rangle}{\sum_{i=1}^{3}|\hat{\sigma}_i|} \tag{5.59}$$

其中，$\langle\sigma\rangle=\frac{1}{2}(\sigma+|\sigma|)$，当〈 〉内数值为正，数值不变，当〈 〉内数值为负，数值取为 0。$\hat{\sigma}_i$ 表示有效主应力。

等效拉应变取为：

$$\varepsilon_t=\varepsilon_{\max} \tag{5.60}$$

其中 ε_t 为等效拉应变，$\varepsilon_{\max}$ 为最大主应变，由等效拉应变根据损伤演化关系确定受拉损伤变量值。

参照文献［78］复杂应力状态下考虑拉、压损伤相互影响及单边效应后的等效损伤变量为：

$$d=[1-wc+wc\cdot r(\boldsymbol{\sigma})]\cdot d_t \tag{5.61}$$

其中，wc 为受压刚度恢复系数，当受压刚度完全恢复时，$wc=1$，$d=r(\boldsymbol{\sigma})\cdot d_t$。

5.4.3　李和芬维斯（Lee and Fenves）塑性损伤模型

李和芬维斯（Lee and Fenves）在卢布林纳（Lublinner）等基础上进行了改进，将塑性力学与损伤力学耦合，提出塑性损伤模型，建立了考虑残余变形的损伤模型。本书对李和芬维斯（Lee and Fenves）模型中的损伤演化方程进行了改进，下文简称为李（Lee）模型。

如图 5.14 所示，$\varepsilon=\varepsilon^e+\varepsilon^p$，其中，$\varepsilon$ 表示总应变量，ε^e 表示弹性应变，$\varepsilon^e=\varepsilon^{el}+\varepsilon^{enl}$，$\varepsilon^{el}$ 表示初始弹摸对应的弹性应变，ε^{enl} 表示由于刚度降低引起的非线性弹性应变，ε^p 表示不可恢复的残余应变。$\varepsilon^d=\varepsilon^p+\varepsilon^{enl}$，$\varepsilon^d$ 表示由于损伤引起的应变（包括弹性和塑性），称为损伤应变或开裂应变 ε^{ck}。

（1）塑性损伤模型应力应变关系

本构关系：

$$\boldsymbol{\sigma}=(1-d)\boldsymbol{D}(\varepsilon-\varepsilon^p) \tag{5.62}$$

有效应力：

$$\hat{\boldsymbol{\sigma}}=\boldsymbol{D}(\varepsilon-\varepsilon^p) \tag{5.63}$$

式中，$\boldsymbol{\sigma}$ 表示应力矢量或称柯西应力矢量，ε 表示应变矢量，ε^p 表示塑性应变矢量，$\boldsymbol{D}$ 表示弹性本构关系矩阵，$\hat{\boldsymbol{\sigma}}$ 表示有效应力矢量。

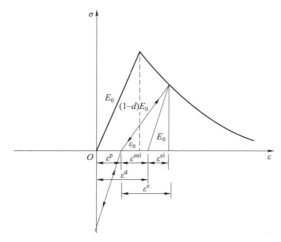

图 5.14　塑性损伤示意图

（2）损伤演化关系

$$d_t = d_t(\varepsilon_t^p) \tag{5.64}$$

式中，ε_t^p 为受拉塑性应变，d_t 为受拉损伤因子，根据材料试验数据可建立两者之间的关系。

（3）强度演化关系

$$\sigma_t = \sigma_t(\varepsilon_t^p) \tag{5.65}$$

与损伤因子演化关系类似，根据材料试验数据建立受拉塑性应变与强度的关系。

（4）多轴到单轴的转换关系

权重因子的定义如式（5.59），等效损伤因子的定义如式（5.61），等效受拉塑性应变定义为：

$$d\varepsilon_t^p = r(\boldsymbol{\sigma})d\varepsilon_{max}^p \tag{5.66}$$

式中，$d\varepsilon_t^p$ 为等效受拉塑性应变增量，$r(\boldsymbol{\sigma})$ 为多轴到单轴的权重因子，$d\varepsilon_{max}^p$ 为塑性应变增量中的最大主值。

（5）屈服准则

屈服面以有效应力来表示：

$$F = \frac{1}{1-\alpha}[\alpha I_1 + \sqrt{3J_2} + \beta(\varepsilon_c^p, \varepsilon_t^p)\langle\hat{\sigma}_1\rangle] - c_c(\varepsilon_c^p) \tag{5.67}$$

其中，I_1 表示第一应力张量不变量，J_2 表示第二应力偏量不变量，$\alpha = \dfrac{f_{b0} - f_{c0}}{2f_{b0} - f_{c0}}$，

$\beta = \dfrac{c_c(\varepsilon_c^p)}{c_t(\varepsilon_t^p)}(1-\alpha)-(1+\alpha)$，$f_{b0}$ 为双轴抗压强度，f_{c0} 为单轴抗压强度，一般取 $\dfrac{f_{b0}}{f_{c0}} = 1.16$，

故 $\alpha = 0.12$，$\dfrac{\alpha}{1-\alpha} = 0.136$。$c_c$，$c_t$ 分别表示有效抗压强度和有效抗拉强度。平面应力状态下的屈服面如图 5.15 所示。

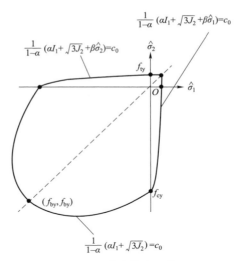

图 5.15 平面应力状态下的屈服面

（6）流动法则

流动势函数：

$$G = \alpha_p I_1 + \sqrt{2J_2} \qquad (5.68)$$

塑性应变增量：

$$\mathrm{d}\boldsymbol{\varepsilon}^p = \mathrm{d}\lambda \frac{\partial G}{\partial \hat{\boldsymbol{\sigma}}} \qquad (5.69)$$

其中，α_p 表示混凝土的剪胀性。

（7）本构积分数值算法

本构积分算法采用 5.3 节中弹塑性模型中的图形返回算法。

5.4.4 单元尺寸效应

如图 5.16 所示，一排混凝土单元串联受拉。如果所有单元采用相同的混凝土开裂软化应力应变软化曲线，且加载步长足够小以保证只有一个单元开裂，则会发现，单元网格剖分得越细，则如图 5.17 所示荷载位移曲线下降也越快，计算结果很大程度上取决于分析者所选的单元尺寸，这种现象被称为混凝土断裂的单元尺寸效应。

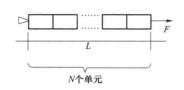

图 5.16 混凝土单元串联受拉

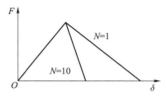

图 5.17 荷载位移曲线

单元尺寸越小，结构开裂得越快，相反单元尺寸越大，结构开裂的就相对较慢，这种计算结果显然是不可靠的。

美国西北大学巴赞特（Bazant）教授提出了钝裂缝带模型，按这种模型，用一组密集的、平行的裂缝带来模拟实际裂缝和断裂区，由于裂缝带有一定的宽度，不是尖的，而是钝的，故称为钝裂缝带。

设断裂区的宽度为 h（对钝裂缝带模型为钝裂缝带的宽度），即该单元在裂缝方向的宽度，w_0 为最大开裂位移，ε_0^{ck} 为最大开裂应变。对宽度为 h 的钝裂缝带内的应变分布作均匀假设，即认为在该带内应变是均匀分布，$w = h\varepsilon$。如图 5.18 所示，断裂能表示为 $G_F = \int_0^{w_0} \sigma dw$，令 $g_f = \dfrac{G_F}{h}$，则

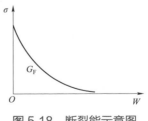

图 5.18　断裂能示意图

$g_f = \int_0^{\varepsilon_0^{ck}} \sigma d\varepsilon$。$\varepsilon_0^{ck}$ 和 h 是相关的，且都和断裂能 G_F 与初始抗拉强度 f_{t0} 有关，这说明按上式剖分网格能保证计算结果是客观的，因为 ε_0^{ck} 和 h 值的选择是建立在单位面积的能量消耗 G_F 的基础上的。

将上述方法应用在损伤模型中，并通过两个算例进行了考察。

（1）混凝土单轴受拉算例

如图 5.19 所示混凝土试件尺寸为 1m×3m，试件下端固定，上端加均布荷载，采用位移加载控制。有限元网格取 3 种，分别为 2 个单元、3 个单元和 4 个单元。

图 5.19　混凝土单轴受拉算例

计算采用的混凝土材料参数为：初始弹性模量 31GPa，初始抗拉强度 $f_{t0} = 2.9\,\text{MPa}$，断裂能 $G_F = 200\,\text{N/m}$，开裂位移 w 与应力 σ_t 关系曲线（$w \sim \sigma_t$），开裂位移 w 与损伤因子 d_t 关系曲线（$w \sim \sigma_t$），分别如图 5.20、图 5.21 所示。

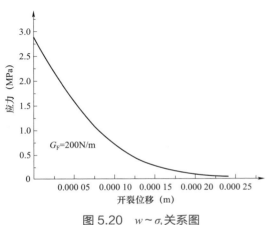

图 5.20　$w \sim \sigma_t$ 关系图　　　　　　图 5.21　$w \sim d_t$ 关系图

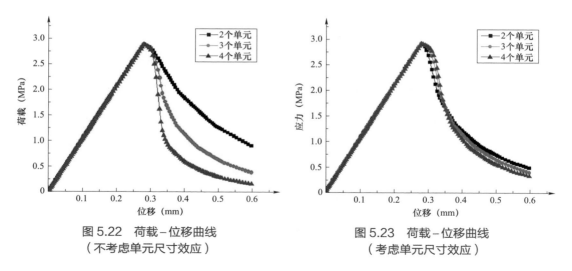

图 5.22 荷载–位移曲线
（不考虑单元尺寸效应）

图 5.23 荷载–位移曲线
（考虑单元尺寸效应）

计算结果及分析：如图 5.22、图 5.23 所示，在不考虑单元尺寸效应模型中，3 种网格的计算结果差距较大，单元尺寸越小，结构开裂得越快，相反，单元尺寸越大，结构开裂的相对慢些，在考虑单元尺寸效应模型中，3 种网格的计算结果非常接近。

（2）柯依那坝地震损伤分析

本文选取柯依那坝体的一个典型非溢流坝段，采用二维平面应力有限单元法进行分析。坝体体型和有限元网格如图 5.24～图 5.26 所示。为说明单元尺寸效应的影响，分别取粗网格和细网格两种进行计算。粗网格在坝体底部的最大网格尺寸达 3.5m，在折坡高程附近的网格尺寸最大达 2.7m，细网格模型在坝体底部和折坡高程附近的网格尺寸约 1m 左右。静力荷载为自重和水荷载，分别输入实测的水平向和竖向地震波，如图 5.27 所示。坝体和水库动力相互作用采用不计库水压缩性的韦斯特加德（Westergaard）附加质量方法模拟。

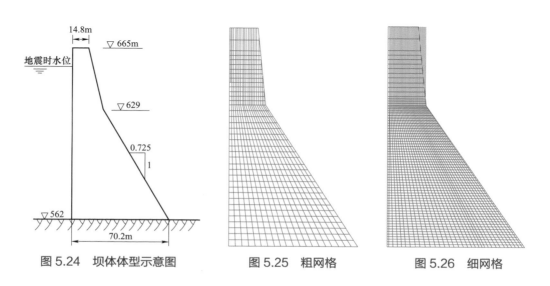

图 5.24 坝体体型示意图

图 5.25 粗网格

图 5.26 细网格

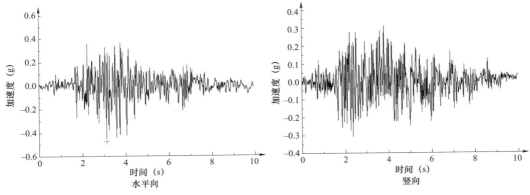

图 5.27 水平向和竖向地震波

计算采用的坝体混凝土材料参数为：初始弹性模量 31GPa，泊松比 0.2，密度 2643kg/m³，初始抗拉强度 f_{t0}=2.9MPa，阻尼 $C = \alpha M + \beta K$，参照文献［82］考虑了阻尼力随着裂缝的张开闭合发生变化，$\alpha = 0, \beta = 0.003\,23$。非线性材料参数与上例中混凝土单轴受拉模型中的材料参数相同，如图 5.20、图 5.21 所示。

计算结果及分析：图 5.28 表示不考虑单元尺寸效应两种网格模型损伤因子分布，两种网格模型折坡高程附近区域损伤分布有明显的差距，从坝底损伤范围来看，粗网格模型损伤区 24.5m，细网格模型损伤区 31.5m，两者模型差距较大。图 5.29 表示考虑单元尺寸效应两种网格模型损伤因子分布，两种模型折坡高程附近区域损伤分布接近，从坝底损伤范围来看，粗网格模型损伤区 24.5m，细网格模型损伤区 24.5m，坝底损伤范围一致。

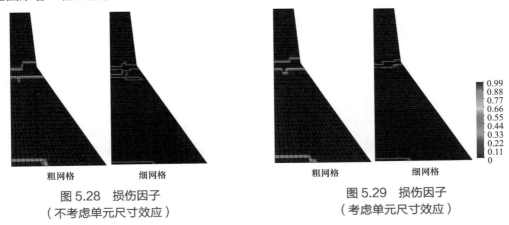

图 5.28 损伤因子（不考虑单元尺寸效应）

图 5.29 损伤因子（考虑单元尺寸效应）

5.4.5 残余应变损伤模型

5.4.3 中的 Lee 模型中，将塑性力学和损伤力学相结合同时考虑了由于损伤引起的残余变形和刚度降低。塑性力学是基于金属晶体滑移或错位的塑性微观现象提出的。混凝土、岩体等地质类材料其内部发生的现象与金属材料的微观现象有很大的区别，且拉压特性相差很大。混凝土材料的破坏是由于胶凝面黏结强度逐渐失效，由此形成的微裂缝持续发展，最终形成宏观裂缝，两者属于不同破坏机制。混凝土的材料试验表明，也仅仅是混凝土受压的应力应变曲线展现了典型弹塑性材料的相似特征。将塑性模型应用到混凝土、岩体材料中的优点在于从数学上不失严密性，但是也引入了很多假定，比如塑性势函数的非相关流动法则。因此本书从工程概念出发避开塑性理论考虑混凝土损伤过程中的残余变形与刚度降低特点。

塑性力学理论中，塑性应变通过流动法则求出，混凝土中的残余变形是由微裂隙的不完全闭合引起，因此，本节的模型与塑性理论的重点区别在于避免使用塑性势和流动法则求解塑性应变。

混凝土材料试验表明，在往复变化的荷载作用下，受损伤的混凝土在卸载和再加载时，若应变未超过初始卸载时的应变，不发生新的损伤，弹性模量保持不变，但在卸载至应力趋于零时，存在不可恢复的永久残余变形，导致其实际的"视损伤变量"及相应的割线弹性模量随应力呈现非线性变化，视弹性模量值小于卸载时相应的弹性模量值。此外，混凝土在受拉损伤后，从受拉状态转为受压状态时，由于裂缝闭合，弹性模量恢复至初始值，呈现"单边效应"，但需计入残余变形的影响。本书从上述试验现象出发，在弹性损伤模型和 Lee 模型的基础上，提出一种同时考虑残余变形与刚度降低的混凝土损伤模型。

根据混凝土单轴拉、压循环荷载作用下的试验资料，可以直接得到损伤过程中残余变形的增长以及卸载与再加载过程中考虑残余应变影响的非线性损伤弹性模量，从而避免套用并不适用于混凝土的塑性理论，并使损伤演化规律更符合试验结果。

本文模型借鉴了 Lee 模型中的屈服准则和多轴到单轴转换的权重因子概念。为把单轴试验的损伤演化规律应用于多维体系的应力状态中，采取以多维体系中的最大和最小主应变 $\varepsilon_{\max}$ 和 $\varepsilon_{\min}$ 替代单轴受拉和受压试验中的 ε_{t} 和 ε_{c} 的假定。由于混凝土的拉压损伤演化规律的差异，引入了一个考虑复杂应力状态时的拉、压应力间相互影响的加权因子。

（1）本构关系

"视弹性模量"和"视损伤因子"的引入：

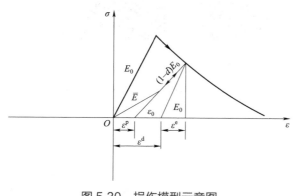

图 5.30　损伤模型示意图

如图 5.30 所示，混凝土受拉损伤后，当卸载和再加载的应变未超过初始卸载时的应变，其应力为 $\sigma = (1-d_{t})E_{0}(\varepsilon - \varepsilon^{p})$。由此得实际的视弹性模量 $\bar{E} = (1-d_{t})E_{0}(1-\varepsilon^{p}/\varepsilon) = (1-d_{tt})E_{0}$，$d_{tt}$ 为对应的视损伤因子，本构方程可表示为 $\sigma = \bar{E}\varepsilon$。对应多维体系，以最大主应变 $\varepsilon_{\max}$ 代替单轴试验中的 ε_{t}，等效损伤因子为 $d = rd_{tt}$，r 表示为多轴到单轴转换的权重因子，本构方程表示为 $\boldsymbol{\sigma} = (1-d)\boldsymbol{D}\boldsymbol{\varepsilon}$。

拉压转换处理：

当卸载时的拉应力趋于零值时，ε_t 接近 ε^p，对应多维体系时，ε_{max} 接近 ε^p，

此时多维体系中的应变矢量 $\boldsymbol{\varepsilon}$ 即为该初始卸载时对应的残余应变矢量 $\boldsymbol{\varepsilon}^p$。当 ε_t 小于 ε^p 时，从受拉转向受压，刚度恢复，等效损伤因子 $d=0$，本构方程为 $\sigma = E_0(\varepsilon - \varepsilon^p)$，对应多维体系，当 ε_{max} 小于 ε^p，本构方程为 $\boldsymbol{\sigma} = (1-d)\boldsymbol{D}(\boldsymbol{\varepsilon} - \boldsymbol{\varepsilon}^p)$。

（2）损伤演化关系

$$d_t = d_t(\varepsilon_t^d)$$

式中，ε_t^d 为受拉损伤应变或称开裂应变；d_t 为受拉损伤因子，根据材料试验数据可建立两者之间的关系。

（3）强度演化关系

$$\sigma_t = \sigma_t(\varepsilon_t^d)$$

与损伤因子演化关系类似，根据材料试验数据建立受拉损伤应变与强度的关系。

（4）多轴到单轴的转换关系

权重因子的定义如式（5.59），等效损伤因子的定义如式（5.61）。

（5）多维体系计算流程

定义 n 时刻之前发生的最大主应变极值为 ε^{max}，n 时刻的最大主应变为 ε_{max}，$n-1$ 时刻的最大主应变为 $(\varepsilon_{max})_{n-1}$。

1）弹性阶段：若 $f < 0$，$\varepsilon_{max} < \varepsilon_0$，$\varepsilon^{max} < \varepsilon_0$，则 $\boldsymbol{\sigma} = \boldsymbol{D}\boldsymbol{\varepsilon}$。

2）弹性到损伤加载阶段：

若 $f \geqslant 0$，$\varepsilon_{max} \geqslant \varepsilon_0$，$\varepsilon^{max} \leqslant \varepsilon_0$，则根据材料损伤参数更新 d_t、ε^p，$d_{tt} = 1 - (1-d_t)(\varepsilon_{max} - \varepsilon^p)/\varepsilon_{max}$，$d = rd_{tt}$，$\boldsymbol{\sigma} = (1-d)\boldsymbol{D}\boldsymbol{\varepsilon}$。

3）损伤加载阶段：若 $\varepsilon_{max} > \varepsilon^{max}$，$\varepsilon^{max} > \varepsilon_0$，则根据材料损伤参数更新 d_t、ε^p，$d_{tt} = 1 - (1-d_t)(\varepsilon_{max} - \varepsilon^p)/\varepsilon_{max}$，$d = rd_{tt}$，$\boldsymbol{\sigma} = (1-d)\boldsymbol{D}\boldsymbol{\varepsilon}$。

4）弹性卸载阶段若 $\varepsilon_{max} < \varepsilon^{max}$，$\varepsilon_{max} > \varepsilon^p$，$\varepsilon^{max} > \varepsilon_0$，则 $d_{tt} = 1 - (1-d_t)(\varepsilon_{max} - \varepsilon_p)/\varepsilon_{max}$，$d = rd_{tt}$，$\boldsymbol{\sigma} = (1-d)\boldsymbol{D}\boldsymbol{\varepsilon}$。

5）拉压转换阶段：若 $(\varepsilon_{max})_{n-1} > \varepsilon^p$，$\varepsilon_{max} \leqslant \varepsilon^p$，则 $\boldsymbol{\varepsilon}^p = \boldsymbol{\varepsilon}$，$d = r$，$\boldsymbol{\sigma} = (1-d)\boldsymbol{D}(\boldsymbol{\varepsilon} - \boldsymbol{\varepsilon}^p)$

6）受压阶段：若 $\varepsilon_{max} < \varepsilon^p$，$\varepsilon^{max} > \varepsilon_0$，则 $d = r$，$\boldsymbol{\sigma} = (1-d)\boldsymbol{D}(\boldsymbol{\varepsilon} - \boldsymbol{\varepsilon}^p)$。

（6）算例

为了验证本节的损伤模型，分别模拟混凝土单轴受拉和循环加载工况的应力应变关系，并与 Gopalaratnam and Shah 的实验结果比较。混凝土试件 82.6mm×82.6mm，弹性模量 3.1×10^4MPa，初始抗拉强度 $f_{t0} = 3.48$MPa，断裂能 $G_F = 47$N/m。开裂位移 w 与应力 σ_t 关系曲线（$w \sim \sigma_t$），开裂位移 w 与损伤因子 d_t 关系曲线（$w \sim d_t$），分别如图 5.31、图 5.32 所示。

计算结果及分析：图 5.33 表示单轴受拉荷载下应力应变关系，图 5.34 表示单轴循环加载下应力应变关系图。计算值与实验结果吻合较好。为了验证本节的模型对拉压转换问题的处理，将循环荷载卸载至受压阶段进行模拟，假定刚度完全恢复，图 5.35 为拉压

转换荷载下应力应变关系图，表明了本书模型对拉压转换问题处理的合理性。

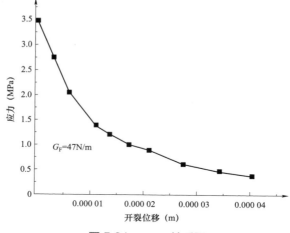

图 5.31　$w\sim\sigma_t$关系图

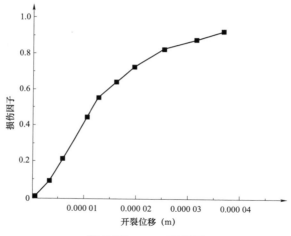

图 5.32　$w\sim d_t$关系图

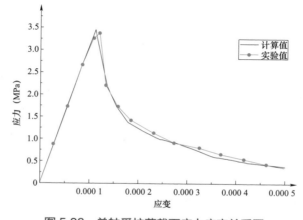

图 5.33　单轴受拉荷载下应力应变关系图

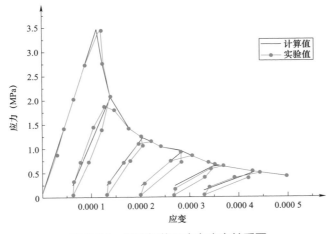

图 5.34　循环加载下应力应变关系图

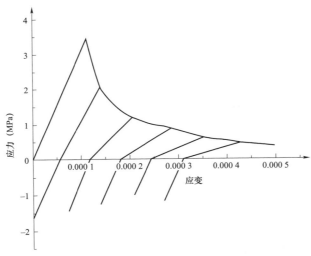

图 5.35　拉压转换荷载下应力应变关系图

5.5　钢筋与混凝土相互作用

考虑钢筋仅在长度方向上发挥作用，在钢筋混凝土结构中，认为钢筋是一维的。钢筋与混凝土的黏结作用是钢筋发挥作用的重要基础，通过两者的黏结，进行力的传递和变形协调。建立既能反映钢筋与混凝土相互作用，又易于大规模实施的分析模型是模拟抗震钢筋对坝体损伤开裂限制作用的基础。

5.5.1　分布式钢筋模型

分布式钢筋模型假定钢筋以一定角度均匀分布在整个混凝土单元中，并且认为混凝土与钢筋黏结良好。基于这种假定，认为钢筋－混凝土复合单元是由均匀连续材料组成。

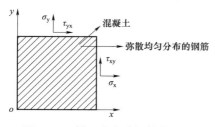

图 5.36　基于分布式钢筋模型的
钢筋–混凝土复合单元

基于分布式钢筋模型的钢筋–混凝土复合单元如图 5.36 所示。

　　鉴于钢筋在混凝土单元中均匀分布的假定，需要较小的混凝土单元网格尺寸满足精度要求，混凝土损伤分析同样需要较小的网格尺寸，两者是一致的。基于单元内混凝土与钢筋应变一致的假定，复合单元的应力应变关系如下所述：

$$\boldsymbol{\sigma} = \boldsymbol{D}\boldsymbol{\varepsilon} = \rho_c \boldsymbol{D}_c \boldsymbol{\varepsilon} + \rho_s \boldsymbol{D}_s \boldsymbol{\varepsilon} \tag{5.70}$$

ρ_s 表示复合单元的配筋率，$\rho_c = 1 - \rho_s$，$\boldsymbol{D}$ 表示复合单元刚度矩阵：

$$\boldsymbol{D} = \rho_c \boldsymbol{D}_c + \rho_s \boldsymbol{D}_s \tag{5.71}$$

复合单元刚度矩阵由两部分组成，一部分是分布在单元内所有混凝土贡献的刚度矩阵 $\rho_c \boldsymbol{D}_c$，另一部分是分布在单元内的所有钢筋贡献的刚度矩阵 $\rho_s \boldsymbol{D}_s$。鉴于钢筋在长度方向上发挥作用，$\rho_s \boldsymbol{D}_s$ 表述为：

$$\rho_s \boldsymbol{D}_s = E_s \begin{bmatrix} \rho_x & & & & & \\ & \rho_y & & & & \\ & & \rho_z & & & \\ & & & 0 & & \\ & & & & 0 & \\ & & & & & 0 \end{bmatrix} \tag{5.72}$$

E_s 表示钢筋的弹性模量，ρ_x，ρ_y，ρ_z 表示复合单元三个方向的配筋率。

　　联合混凝土损伤模型和分布式钢筋模型，该方法可通过分别建立混凝土模型和钢筋模型模拟混凝土损伤破坏后荷载逐步转移至钢筋的受力过程。全坝段模型中每个单元三个方向配筋率 ρ_x，ρ_y，ρ_z 的计算是该模型大规模实施的关键所在。

5.5.2　基于分布式钢筋模型的单元配筋率计算

　　分布式钢筋模型中复合单元配筋率的计算包括以下步骤：

1）建立基于实体单元的混凝土模型；

2）建立基于线单元的钢筋模型；

3）基于有限元等参变换和牛顿迭代法，根据坐标信息，建立钢筋节点和混凝土单元的对应关系。混凝土实体单元和钢筋线单元如图 5.37 所示。

　　如图 5.37 所示，基于混凝土单元的有限元等参变换，根据整体坐标系下的钢筋节点 (x_0, y_0, z_0)，可以求出其在混凝土单元局部坐标系下的坐标 (ξ_0, η_0, ζ_0)。局部坐标系下的规则几何体可以转换为整体坐标系下的不规则几何体：

$$x = \sum_{i=1}^{m} N_i(\xi, \eta, \zeta) x_i, \quad y = \sum_{i=1}^{m} N_i(\xi, \eta, \zeta) y_i, \quad z = \sum_{i=1}^{m} N_i(\xi, \eta, \zeta) z_i \tag{5.73}$$

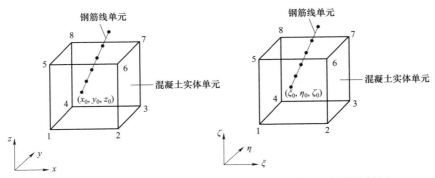

图 5.37　整体坐标与局部坐标下的混凝土实体单元和钢筋线单元

m 表示混凝土单元的节点数；x_i，y_i，z_i 表示整体坐标系下混凝土单元的坐标值，ξ，η，ζ 表示局部坐标系的坐标值，$N_i(\xi, \eta, \zeta)$ 表示用以局部坐标值为变量的形函数。对于图 5.37 中的 8 节点六面体单元，$m = 8$，形函数表示为：

$$
\begin{cases}
N_1(\xi, \eta, \zeta) = \dfrac{1}{8}(1-\xi)(1-\eta)(1-\zeta) \\[4pt]
N_2(\xi, \eta, \zeta) = \dfrac{1}{8}(1+\xi)(1-\eta)(1-\zeta) \\[4pt]
N_3(\xi, \eta, \zeta) = \dfrac{1}{8}(1+\xi)(1+\eta)(1-\zeta) \\[4pt]
N_4(\xi, \eta, \zeta) = \dfrac{1}{8}(1-\xi)(1+\eta)(1-\zeta) \\[4pt]
N_5(\xi, \eta, \zeta) = \dfrac{1}{8}(1-\xi)(1-\eta)(1+\zeta) \\[4pt]
N_6(\xi, \eta, \zeta) = \dfrac{1}{8}(1+\xi)(1-\eta)(1+\zeta) \\[4pt]
N_7(\xi, \eta, \zeta) = \dfrac{1}{8}(1+\xi)(1+\eta)(1+\zeta) \\[4pt]
N_8(\xi, \eta, \zeta) = \dfrac{1}{8}(1-\xi)(1+\eta)(1+\zeta)
\end{cases}
\tag{5.74}
$$

由式（5.73）可以得到：

$$
\begin{bmatrix} x \\ y \\ z \end{bmatrix} = f\left(\begin{bmatrix} \xi \\ \eta \\ \zeta \end{bmatrix} \right) = \begin{bmatrix} \displaystyle\sum_{i=1}^{8} N_i(\xi, \eta, \zeta) x_i \\ \displaystyle\sum_{i=1}^{8} N_i(\xi, \eta, \zeta) y_i \\ \displaystyle\sum_{i=1}^{8} N_i(\xi, \eta, \zeta) z_i \end{bmatrix}
\tag{5.75}
$$

如图 5.37 所示，钢筋节点的整体坐标为 (x_0, y_0, z_0)。根据式（5.75）可以得到：

$$f\left(\begin{bmatrix}\xi\\\eta\\\zeta\end{bmatrix}\right)=\begin{bmatrix}x_0\\y_0\\z_0\end{bmatrix} \tag{5.76}$$

根据式（5.76），采用牛顿迭代法求出钢筋节点在 8 节点六面体单元局部坐标系的局部坐标(ξ_0,η_0,ζ_0)。根据牛顿迭代法，引入新的函数 F 满足 $F=0$。由式（5.76），函数 F 如下：

$$F\left(\begin{bmatrix}\xi\\\eta\\\zeta\end{bmatrix}\right)=f\left(\begin{bmatrix}\xi\\\eta\\\zeta\end{bmatrix}\right)-\begin{bmatrix}x_0\\y_0\\z_0\end{bmatrix} \tag{5.77}$$

根据牛顿迭代法，由式（5.77），可以得到：

$$\begin{bmatrix}\xi_{n+1}\\\eta_{n+1}\\\zeta_{n+1}\end{bmatrix}=\begin{bmatrix}\xi_n\\\eta_n\\\zeta_n\end{bmatrix}-F\left(\begin{bmatrix}\xi_n\\\eta_n\\\zeta_n\end{bmatrix}\right)\bigg/ F'\left(\begin{bmatrix}\xi_n\\\eta_n\\\zeta_n\end{bmatrix}\right) \tag{5.78}$$

$\begin{bmatrix}\xi_{n+1}\\\eta_{n+1}\\\zeta_{n+1}\end{bmatrix}$ 和 $\begin{bmatrix}\xi_n\\\eta_n\\\zeta_n\end{bmatrix}$ 表示第 $n+1$ 迭代步和第 n 迭代步的结果。

将式（5.75）代入式（5.77），写为：

$$F\left(\begin{bmatrix}\xi\\\eta\\\zeta\end{bmatrix}\right)=f\left(\begin{bmatrix}\xi\\\eta\\\zeta\end{bmatrix}\right)-\begin{bmatrix}x_0\\y_0\\z_0\end{bmatrix}=\begin{bmatrix}\sum_{i=1}^8 N_i(\xi,\eta,\zeta)x_i-x_0\\\sum_{i=1}^8 N_i(\xi,\eta,\zeta)y_i-y_0\\\sum_{i=1}^8 N_i(\xi,\eta,\zeta)z_i-z_0\end{bmatrix} \tag{5.79}$$

由式（5.79）可以得到：

$$F'\left(\begin{bmatrix}\xi\\\eta\\\zeta\end{bmatrix}\right)=f'\left(\begin{bmatrix}\xi\\\eta\\\zeta\end{bmatrix}\right)=\begin{bmatrix}\frac{\partial N_1(\xi,\eta,\zeta)}{\partial\xi}&\frac{\partial N_2(\xi,\eta,\zeta)}{\partial\xi}&\cdots&\frac{\partial N_8(\xi,\eta,\zeta)}{\partial\xi}\\\frac{\partial N_1(\xi,\eta,\zeta)}{\partial\eta}&\frac{\partial N_2(\xi,\eta,\zeta)}{\partial\eta}&\cdots&\frac{\partial N_8(\xi,\eta,\zeta)}{\partial\eta}\\\frac{\partial N_1(\xi,\eta,\zeta)}{\partial\zeta}&\frac{\partial N_2(\xi,\eta,\zeta)}{\partial\zeta}&\cdots&\frac{\partial N_8(\xi,\eta,\zeta)}{\partial\zeta}\end{bmatrix}\begin{bmatrix}x_1&y_1&z_1\\x_2&y_2&z_2\\\vdots&\vdots&\vdots\\x_8&y_8&z_8\end{bmatrix} \tag{5.80}$$

令：

$$J\left(\begin{bmatrix}\xi\\\eta\\\zeta\end{bmatrix}\right)=\begin{bmatrix}\frac{\partial N_1(\xi,\eta,\zeta)}{\partial\xi}&\frac{\partial N_2(\xi,\eta,\zeta)}{\partial\xi}&\cdots&\frac{\partial N_8(\xi,\eta,\zeta)}{\partial\xi}\\\frac{\partial N_1(\xi,\eta,\zeta)}{\partial\eta}&\frac{\partial N_2(\xi,\eta,\zeta)}{\partial\eta}&\cdots&\frac{\partial N_8(\xi,\eta,\zeta)}{\partial\eta}\\\frac{\partial N_1(\xi,\eta,\zeta)}{\partial\zeta}&\frac{\partial N_2(\xi,\eta,\zeta)}{\partial\zeta}&\cdots&\frac{\partial N_8(\xi,\eta,\zeta)}{\partial\zeta}\end{bmatrix}\begin{bmatrix}x_1&y_1&z_1\\x_2&y_2&z_2\\\vdots&\vdots&\vdots\\x_8&y_8&z_8\end{bmatrix} \tag{5.81}$$

$J\left(\begin{bmatrix} \xi \\ \eta \\ \zeta \end{bmatrix}\right)$ 称为雅克比矩阵，$J^{-1}\left(\begin{bmatrix} \xi \\ \eta \\ \zeta \end{bmatrix}\right)$ 称为雅克比矩阵的逆。

将 $\begin{bmatrix} \xi_n \\ \eta_n \\ \zeta_n \end{bmatrix}$ 代入式（5.79）～式（5.81），式（5.78）写为：

$$\begin{bmatrix} \xi_{n+1} \\ \eta_{n+1} \\ \zeta_{n+1} \end{bmatrix} = \begin{bmatrix} \xi_n \\ \eta_n \\ \zeta_n \end{bmatrix} - F\left(\begin{bmatrix} \xi_n \\ \eta_n \\ \zeta_n \end{bmatrix}\right) \Big/ F'\left(\begin{bmatrix} \xi_n \\ \eta_n \\ \zeta_n \end{bmatrix}\right) = \begin{bmatrix} \xi_n \\ \eta_n \\ \zeta_n \end{bmatrix} - J^{-1}\left(\begin{bmatrix} \xi_n \\ \eta_n \\ \zeta_n \end{bmatrix}\right) F\left(\begin{bmatrix} \xi_n \\ \eta_n \\ \zeta_n \end{bmatrix}\right) \tag{5.82}$$

若 $\begin{vmatrix} \xi_{n+1} - \xi_n & \eta_{n+1} - \eta_n & \zeta_{n+1} - \zeta_n \end{vmatrix} \leqslant \varepsilon$，迭代结束，$\varepsilon$ 为迭代误差。钢筋节点的局部坐标为：

$$\begin{bmatrix} \xi_0 \\ \eta_0 \\ \zeta_0 \end{bmatrix} = \begin{bmatrix} \xi_{n+1} \\ \eta_{n+1} \\ \zeta_{n+1} \end{bmatrix} \tag{5.83}$$

根据局部坐标 (ξ_0, η_0, ζ_0)，根据以下条件判断钢筋节点是否在混凝土单元中：

如果 $\begin{cases} -1 \leqslant \xi_0 \leqslant 1 \\ -1 \leqslant \eta_0 \leqslant 1 \\ -1 \leqslant \zeta_0 \leqslant 1 \end{cases}$ 成立，钢筋节点在混凝土单元中，建立钢筋节点号和混凝土单元号

的对应关系；

如果 $\begin{cases} -1 \leqslant \xi_0 \leqslant 1 \\ -1 \leqslant \eta_0 \leqslant 1 \\ -1 \leqslant \zeta_0 \leqslant 1 \end{cases}$ 不成立，钢筋节点不在混凝土单元中，对一个新的混凝土单元重复

同样的步骤［式（5.78）～式（5.83）］，得到一个新的钢筋节点局部坐标 (ξ_0, η_0, ζ_0)，直

到 $\begin{cases} -1 \leqslant \xi_0 \leqslant 1 \\ -1 \leqslant \eta_0 \leqslant 1 \\ -1 \leqslant \zeta_0 \leqslant 1 \end{cases}$ 成立，建立钢筋节点号和混凝土单元号的对应关系。

对每个钢筋节点，执行步骤（3），建立钢筋节点号和混凝土单元号的对应关系。

6

高坝抗震高性能并行计算

6.1　引言

　　高拱坝是复杂的空间结构，其地震响应分析需要同时计入坝体－地基－库水的动态相互作用、坝体伸缩横缝开合的边界非线性、远域地基能量逸散、近域地基的复杂地形和地质构造、坝体和地基岩体材料的非线性、沿坝基地震动的不均匀输入以及坝肩潜在滑动岩块的动态稳定性等复杂问题。整个体系的有限元数值计算需要求解百万甚至上千万自由度的方程组。大坝在动荷载下响应的计算量随着坝体自由度的增加，呈几何级数增长。特别是非线性动力学问题，为保证数值计算的收敛性和稳定性，时域计算中的时间步长常需取十万甚至百万分之几秒，而输入地震动的持续时间长达几十秒。例如具有120万自由度的沙牌拱坝抗震计算应用单机串行程序计算，需要34天才能完成。在时域内求解如此大规模的非线性动力学问题，计算速度已成为高拱坝地震动分析和抗震安全评价的瓶颈。

　　高性能并行计算已经成为解决大规模科学计算的主要手段。随着我国超级计算机的发展，天河一号、天河二号、神威等超级计算机计算资源对社会开放，硬件资源使百万千万级自由度的大规模非线性动力计算成为可能，为精细化研究高坝抗震提供了条件。

6.2　高坝抗震并行软件研发

6.2.1　区域分解法

　　区域分解法（DDM）的基本思想是采用"分块"的策略，将一个复杂的计算系统分成若干个子系统，原系统的求解就转化为子系统上的求解，各个子系统通过信息传递完成数据交换。

　　按各分区的重叠与否，区域分解法分为重叠型区域分解法和不重叠型区域分解法。重叠型区域分解法的理论基础是施瓦茨交替法，各分区间消息传递通过各分区的相关重叠区域来实现。不重叠型区域分解法的理论基础是子结构法，各分区间消息传递通过各分区交界面区域来实现。

本书以重叠型区域分解法（ODDM）为基础进行并行程序设计。施瓦茨交替法基于"化整为零"的思想把一个整体复杂区域分解为若干相互重叠的简单分区求解，这就为分布式并行计算提供了数学基础。下面以一个简单的平面应力静力学问题为例来说明施瓦茨交替法基本原理。如图6.1所示，一个 $ABCD$ 区域的平面应力问题分解为 $ABGH$ 和 $CDFE$ 两个相互重叠区域的平面应力问题，$EFHG$ 为重叠区域。

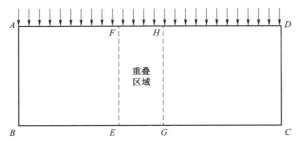

图6.1　重叠区域分解的平面应力问题

定义 $ABGH$ 区域：$k_u u = f_u$，$u = g_u$（GH 边界）

定义 $CDFE$ 区域：$k_v v = f_v$，$v = g_v$（EF 边界）

交替求解方法流程如图6.2所示。

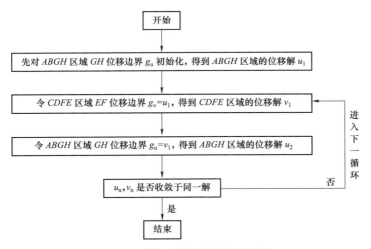

图6.2　施瓦茨交替法基本流程

6.2.2　显式格式的波动方程重叠型区域分解法

显式格式的波动方程求解有着大规模并行计算的优势，通过交换相邻区域的重叠型区域数据以更新下一时步分区边界的位移条件，然后由新的边界条件求解。因此，显式计算的重叠性区域分解法无须迭代，只需交换一次边界信息更新边界条件。图 6.1 所示的模型计算流程如下：

1）ABGH 区域：根据 ABGH 区域的位移和速度以及上一时步 GH 边界的位移边界条件，求解 ABGH 区域下一时步的位移和速度；

2）CDFE 区域：根据 CDFE 区域的位移和速度和上一时步 EF 边界的位移边界条件，求解 CDFE 区域下一时步的位移和速度；

3）EF 边界：根据 ABGH 区域新的位移得到 EF 边界新的位移边界条件；

4）GH 边界：根据 CDFE 区域新的位移得到 GH 边界新的位移边界条件；

5）进入下一时步。

6.2.3 有限元网格区域分割

有限元网格信息物理分区是并行计算的前提和基础。网格信息物理分区时必须要考虑负载平衡，并尽可能地使子区域间数据通信量最小。区域分割是基于区域分解法并行有限元分析的一个很重要的前处理部分，直接关系到并行计算的效率。区域分割的判断标准可以归纳为 3 点：

1）各物理分区计算总规模大致相同；

2）各物理分区交界面节点数尽量最少；

3）各物理分区有较好的长宽比。

第 1 点主要是为了保证各分区计算时间大致相等，防止因个别分区计算时间过长，造成其他分区的等待，影响并行效率；第 2 点是为了减少通信量，降低通信在并行运算中的比重，增加计算的比重，提高并行效率；第 3 点主要是为了在各个物理分区中采用迭代法求解运算时，矩阵有较好的条件数，从而使迭代运算比较容易收敛性。

6.2.4 包含接触边界的区域分割

基于节点分区的原则对有限元节点进行分割后，如果接触点对的两个节点在不同的子区域，则会出现非重叠区域的分区。为确保接触点对的两个节点出现在同一个子区域，需要对基于节点的分区进行重新处理。对接触点对数据进行遍历，强制性将接触点对的两个节点放在同一个分区，得到新的节点分区信息。根据图 6.3 所示的流程，得到每个分区的内部单元和重叠区域单元，并根据属性对节点进行分类。

图 6.4 所示，每个分区的单元分为内部单元和重叠型单元。图 6.5 所示，每个分区的节点分为内部节点、边界节点和外部节点，其中内部节点和边界节点是每个分区待求解节点。边界节点和外部节点是与其他分区交换的信息，本分区的边界节点则是其他某分区的外部节点，外部节点为本分区提供边界条件，不在本分区求解。

6.2.5 并行计算结构

采用能够适用于大型机群的分布式并行计算，采用主从式编程模式，由一个主进程和若干个从进程组成。主进程是一个控制程序，不参与计算，负责把数据发送给从进程，并接收整理从进程数据，所有消息传递发生在主进程与从进程之间，从进程之间相互不发生消息传递。从进程只负责对应子区域的计算。消息传递采用计算与通信先后进行的阻塞式通讯来实现。如图6.6所示。

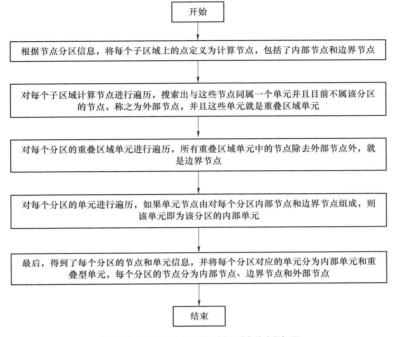

图6.3 基于重叠单元的区域分割流程

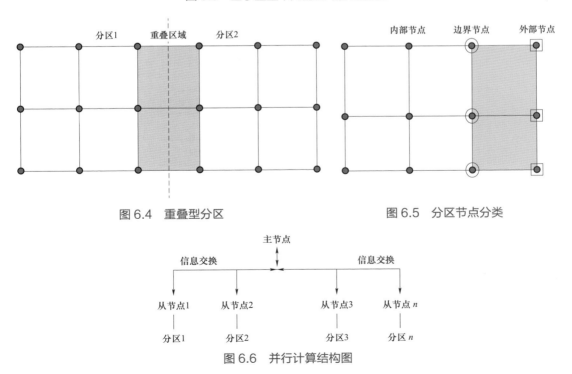

图6.4 重叠型分区

图6.5 分区节点分类

图6.6 并行计算结构图

6.2.6 MPI 程序结构及其执行过程

基于消息传递的并行程序开发模式将各个进程之间信息交换和协调、控制的任务交由程序开发人员控制，在一定程度上增加了并行程序开发的难度，另一方面向编程人员提供了灵活的控制手段和表达并行的方法。MPI（message passing interface）是目前国际上应用最广泛的消息传递平台。本书的消息传递采用 MPI 库函数完成。MPI 是由全世界工业、科研和政府部门联合建立的一个消息传递编程标准，其目的是为基于消息传递的并行程序设计提供一个高效、可扩展、统一的编程环境。它是目前最为通用的并行编程方式，也是分布式并行系统的主要编程环境。图 6.7 为 MPI 程序结构图，图 6.8 为 MPI 程序的执行过程。

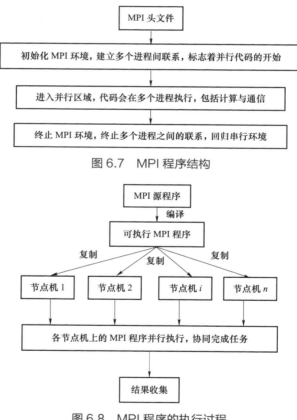

图 6.7　MPI 程序结构

图 6.8　MPI 程序的执行过程

6.2.7 计算流程

高坝抗震并行计算流程如图 6.9 所示。

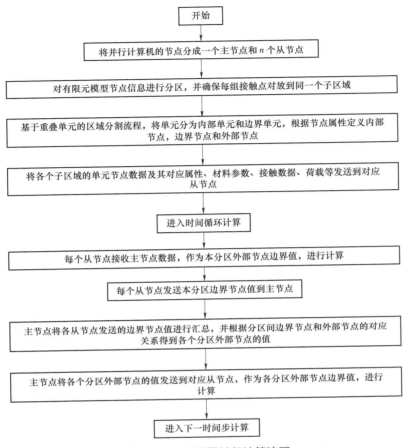

图 6.9 高坝抗震并行计算流程

6.2.8 并行程序性能评价指标

并行程序的加速比 S_P 定义为 P 个进程并行执行所需要的时间 T_P 与串行相应程序的执行时间 T_S 之比：

$$S_P = \frac{T_S}{T_P}$$

并行加速比就是在采用多个处理器时，并行计算所能获得的加速倍数。

理想加速比定义为加速比等于进程个数，实际上这是不可能发生的，一般用于与并行的实际加速比做比较。

并行效率定义为加速比与进程数之比：

$$E_P = \frac{S_P}{P}$$

并行加速比和并行效率是衡量一个并行程序性能最基本的评价方法。并行加速比和并行效率不只与并行程序本身有关，还与区域分割的质量、各个进程的运算量有关。针对兼具接触和材料非线性的高拱坝并行计算，可能会出现某些子区域包含接触非线性，某些子区域不包括接触非线性，并且各个子区域对应的接触计算量也不一样，某些子区域包含材料非线性单元，某些子区域不包括材料非线性单元，并且各个子区域对应的非线性单元也不一样，因此，绝对的负载平衡是很难做到的。

可扩展性：指并行算法能够利用并行机处理器数目增加的能力。随着处理器数目的增加，可扩展性好的并行算法能够保持较高的并行效率。

6.3 "天河一号"超级计算机及其运行环境

6.3.1 "天河一号"超级计算机

"天河一号"超级计算机从 2008 年开始研制，按两期工程实施（见图 6.10）。

一期系统（TH-1）于 2009 年 9 月研制成功，峰值速度为每秒 1206 万亿次双精度浮点运算（TFlops），持续速度为 563.1TFlops（LINPACK 实测值），是我国首台千万亿次超级计算机系统，参加 2009 年 11 月世界超级计算机 TOP500 排名，位列亚洲第一、世界第五，实现了我国自主研制超级计算机能力从百万亿次到千万亿次的跨越，使我国成为继美国之后世界上第二个能够研制千万亿次超级计算机的国家。

二期系统（TH-1A）于 2010 年 8 月在国家超级计算天津中心升级完成，峰值速度提升为 4700TFlops，持续速度提升为 2566TFlops（LINPACK 实测值），部分采用了自主研制的飞腾-1000 中央处理器。参加 2010 年 11 月世界超级计算机 TOP500 排名，位列世界第一，实现了从亚洲第一向世界第一的重大跨越，取得了我国自主研制超级计算机综合技术水平进入世界领先行列的历史性突破。

图 6.10 "天河一号"超级计算机

"天河一号"采用 CPU 和 GPU 相结合的异构融合计算体系结构，硬件系统主要由计算处理系统、互连通信系统、输入输出系统、监控诊断系统与基础架构系统组成，软件系统主要由操作系统、编译系统、并行程序开发环境与科学计算可视化系统组成。

6.3.2 "天河一号"（TH-1A）大系统运行环境

TH-1A 大系统由登录节点、计算节点、存储节点、管理节点、数据拷贝节点以及天河高速互联网络组成。其平台架构如图 6.11 所示。

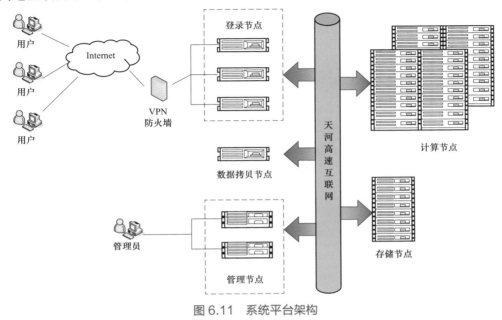

图 6.11 系统平台架构

6.4 并行性能测试

采用互联网远程登录的方式利用天河一号提供的硬件资源，计算工作在天河一号超级计算机上完成。

如图 6.12 和图 6.13 所示，盒状模型分成 95 个子区域。有限元模型自由度为 10744731，地震动输入时间 10s，对并行程序性能进行测试。

图 6.12 盒状模型

图 6.13 95 个子区域在总体区域中的位置（不同颜色代表不同子区域）

并行程序性能分析：

1）表 6.1 表明，并行程序具有较高的计算性能，运行时间从串行计算的 1313.1h（54d17.1h），到 95 个进程的 40.5h，加速比 32.40，为高坝抗震研究提供了强有力的计算手段。

2）图 6.14、图 6.15 说明，随着进程个数的增加，运行时间减少，加速比增大，表明并行程序具备良好的可扩展性。

3）图 6.16 说明，随着进程个数的增加，虽然加速比在增加，并行效率却在减小，符合并行程序的一般规律。随着进程个数的增加，各个进程计算量在减小，进程之间数据通信的比重在增加，虽然并行的效益在提高，并行效率却在下降。当进程之间通信的消耗超过各个进程并行计算带来的效益时，并行加速比不会再提高。并行计算性能除了跟并行程序的设计有关还跟区域分割的质量有关。

表 6.1　　　　　　　　　　　　　　　　并行计算性能测试值

进程数	运行时间（h）	加速比	并行效率
1	1313.1（54d17.1h）	1.00	100%
2	691.1	1.90	95%
5	303.0	4.33	87%
11	161.6	8.13	74%
23	93.5	14.04	68%
47	58.3	22.52	48%
95	40.5	32.40	34%

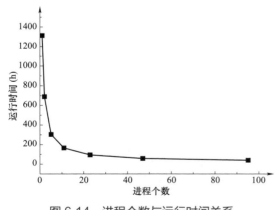

图 6.14　进程个数与运行时间关系

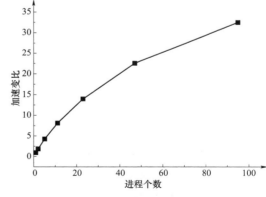

图 6.15　并行计算加速比

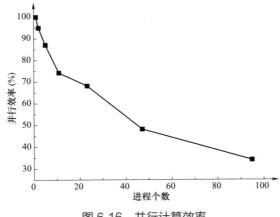

图 6.16 并行计算效率

7 高混凝土坝–地基体系抗震分析及安全评价

7.1 柯依那重力坝震情检验

7.1.1 有限元模型

在现行考虑地基辐射阻尼的重力坝抗震模型基础上，以坝体和地基材料非线性为手段进行研究。选取柯依那坝体的一个典型挡水坝段，地基范围上下游以及竖向各取 200m，以黏弹性人工边界考虑地基辐射阻尼的影响。坝体–地基有限元网格如图 7.1 所示。坝体和近域地基有限元网格尺寸在 1～3m 左右。静力荷载为自重、水荷载等，同时输入水平向和竖向地震波如图 7.2 所示。

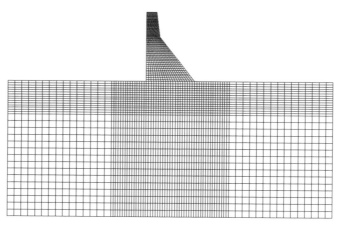

图 7.1　坝体–地基有限元网格

混凝土和基岩材料参数见表 7.1。混凝土和基岩的损伤演化关系如图 7.3 和图 7.4 所示。注：因柯依那坝址地基条件较好，基岩材料参数参照我国 II 类岩体质量参数确定。

混凝土材料非线性模型采用损伤模型。将 DP 弹塑性模型和损伤模型应用在地基岩体材料非线性研究中，进行了对比分析。将混凝土受拉损伤模型应用在地基岩体中，通过 MC 准则中的 $f_t' = \dfrac{2c \cdot \cos\varphi}{1 + \sin\varphi}$，将地质建议值中的摩擦角和黏聚力代入求得基岩初始抗拉强度，并采用混凝土的损伤曲线对应强度打折的办法来给出岩体的损伤曲线。

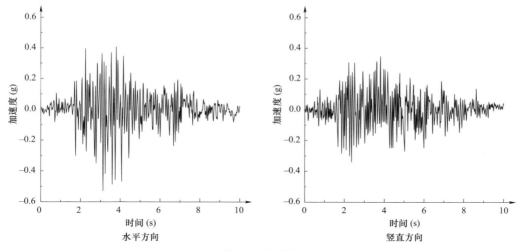

图 7.2 地震波

表 7.1   混凝土与基岩材料参数

类别	弹性模量 E （GPa）	泊松比 ν	密度 ρ （kg/m³）	抗拉强度 σ_t （N/m）	断裂能 G_F （N/m）	摩擦角 φ （°）	黏聚力 c （MPa）
混凝土	31.027	0.2	2643	2.90	200	—	—
基岩	20	0.2	2700	1.28	88.4	54.46	2.0

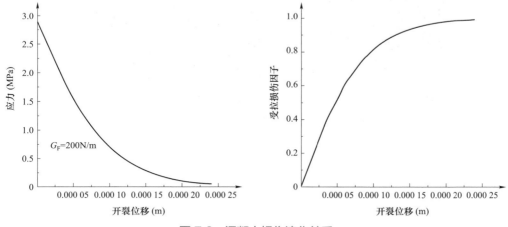

图 7.3 混凝土损伤演化关系

7.1.2 结果分析

（1）坝体取损伤模型，地基取弹塑性模型

图 7.5 表示坝体−地基体系统破坏状态，其中坝体以损伤因子表示，地基以塑性区分布表示。从图 7.5 可以看出，坝体除了折坡处发生损伤开裂外，坝踵单元沿着坝基交界面方向

损伤开裂了 10.5m。地基沿着坝基交界面方向屈服深度 17.3m，并且已经危及帷幕安全。

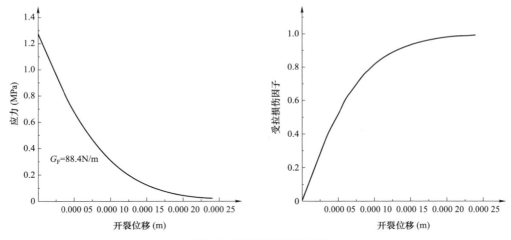

图 7.4　基岩损伤演化关系

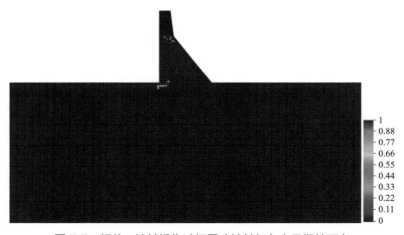

图 7.5　坝体−地基损伤破坏图（地基红色表示塑性区）

（2）坝体和地基取损伤模型

图 7.6 为坝体−地基体系损伤分布图。从图 7.6 可以看出，地基破坏模式不再是沿坝基交界面，而是从沿地基深度发展。坝体折坡处发生损伤开裂，形成上下游贯通裂缝，由于地基损伤开裂对坝踵应力的释放作用，坝踵位置没有发生损伤。

以上分析中，坝体混凝土采用损伤模型揭示了坝体折破处的损伤开裂，与实际震情"坝体下游折坡处高程附近上下游出现了大量水平裂缝，并且在下游折坡处发现渗流量明显增加"吻合。地基岩体采用损伤模型揭示了地基岩体对坝踵应力的释放作用，与实际震情"在坝体廊道钻孔取芯，发现混凝土与基岩胶结良好，未发现坝基交界面开裂迹象"相吻合。

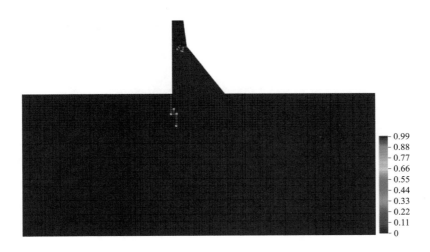

图 7.6　坝体–地基损伤分布图（白色表示帷幕）

7.2　沙牌拱坝震情检验

7.2.1　工程概况

沙牌拱坝为三心圆重力拱坝，坝顶高程 1867.5m，建基面最低高程 1735.5m（其中混凝土垫座高度 14.5m），最大坝高 132.0m，是目前国内外最高的碾压混凝土拱坝。2008年 5 月 12 日四川汶川县发生了 8.0 级特大地震。沙牌工程距震中大约 36km。由于大坝场址未安装强震记录装置，未能获得相关的地震记录。据震后地震部门公布的汶川地震烈度等值线图和基岩峰值加速度 PGA 等值线图，汶川地震对沙牌大坝场址的影响烈度介于 8～9 度间，东西向 PGA 则介于 177gal～286gal。震后调查结果表明，坝体结构、坝基（坝肩）外观完好，未发现异常现象。左岸坝顶以上的下游天然边坡有局部坍滑，但经锚固的邻近坝体的两岸抗力体边坡整体稳定。

7.2.2　有限元建模

如图 7.7～图 7.10 所示有限元模型，节点总数 425568，单元总数 404090，总自由度数 1276704。坝体和近域地基采用材料非线性单元计算，因此在坝体高程方向上取 2m 左右一层网格，在坝体厚度方向上分 11 份，沿横河向方向按 2m 左右剖分网格，在上下游、左右岸及其深度方向上 50m 范围内的地基按 3m 左右剖分网格，坝体和近域地基材料非线性单元 182867，约占总单元数目的 45%，坝体节点 67326，坝体单元 58757，其余地基大概取 10～25m 大小的网格。

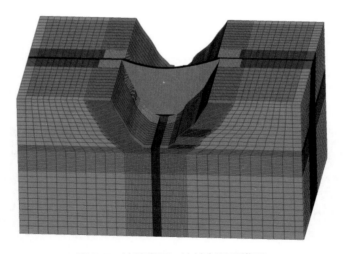

图 7.7　沙牌拱坝−地基有限元模型

图 7.8　坝体网格

图 7.9　坝体−近域地基网格

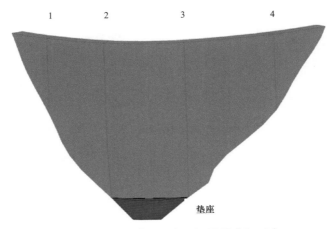

图 7.10　横缝（1、4）和诱导缝（2、3）

静力荷载包括自重、水荷载、温度荷载等。采用随机有限断层法反演的沙牌坝址地震波，水平向峰值加速度 0.262g，竖向取水平向的 2/3，地震波如图 7.11 所示。

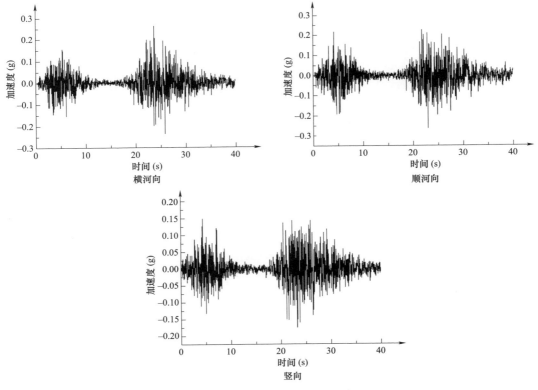

图 7.11　沙牌坝址反演地震波

混凝土密度为 2400kg/m³，弹性模量为 18.0GPa，泊松比为 0.167，线膨胀系数为 1.0×10⁻⁵/℃。混凝土动态抗拉强度取为 4.30MPa，断裂能为 296N/m，混凝土损伤演化关系如图 7.12 所示。

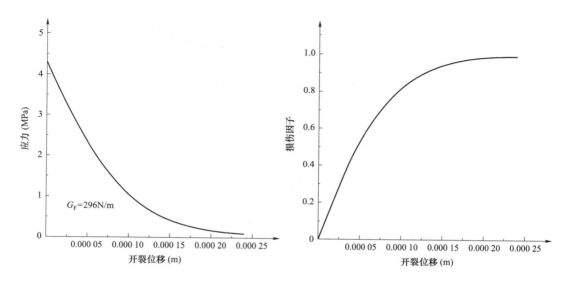

图 7.12　混凝土损伤演化关系

　　地基变形模量取为 11GPa，泊松比为 0.23，基岩密度为 2600kg/m³，摩擦系数和黏聚力的取值，考虑到近域地基的加固处理，按 II 类岩体 f 取为 1.1，c 取为 2.0MPa。将混凝土受拉损伤模型应用在地基岩体中，通过 MC 准则中的 $f'_t = \dfrac{2c \cdot \cos\varphi}{1 + \sin\varphi}$，将地基岩体的摩擦角和黏聚力代入求得基岩初始抗拉强度，并采用混凝土的损伤曲线对应强度打折的办法来给出岩体的损伤曲线。基岩断裂能根据基岩抗拉强度与混凝土抗拉强度的比值按比例折减取为 107N/m。基岩损伤演化关系如图 7.13 所示。

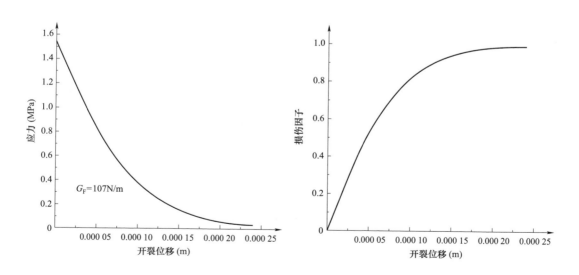

图 7.13　基岩损伤演化关系

7.2.3 结果分析

（1）坝体取损伤模型，地基取弹塑性模型

图 7.14 为震后上游坝体受拉损伤分布图，图 7.15 为震后下游坝体受拉损伤分布图，图 7.16 为震后坝体地基拱冠梁剖面破坏分布图，其中坝体以损伤因子表示，地基以屈服区表示。从图 7.14 可以看出，上游坝体坝基交界面中上部高程、上游坝体坝基交界面右岸下部高程出现损伤。从图 7.15 可以看出，下游坝体没有损伤。从图 7.16 可以看出，坝体与垫座交界处发生局部损伤，从坝体与垫座交界面上游位置向下游位置损伤开裂 1 层单元 2.5m 范围，地基向深度方向屈服 1 层单元 3.3m 范围。

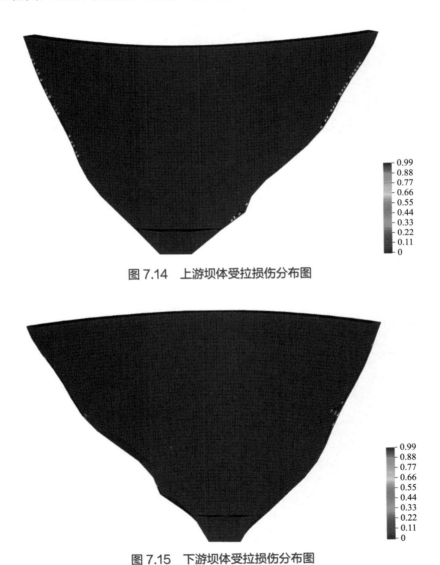

图 7.14 上游坝体受拉损伤分布图

图 7.15 下游坝体受拉损伤分布图

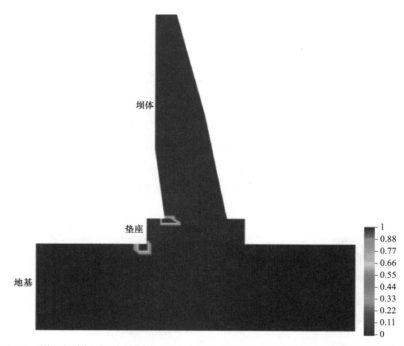

图 7.16　拱冠梁剖面坝体地基破坏图（坝体以损伤因子表示、地基以屈服区表示）

（2）坝体和地基取损伤模型

图 7.17 为震后上游坝体受拉损伤分布图，图 7.18 为震后下游坝体受拉损伤分布图，图 7.19 为震后坝体地基拱冠梁剖面损伤分布图。从图 7.17 可以看出，上部高程上游坝基交界面处坝体发生小范围表层损伤开裂。从图 7.18 可以看出，下游坝体没有损伤。从图 7.19 可以看出，坝体与垫座交界处没有发生损伤，地基向深度方向开裂两层单元 6.6m。

从坝体损伤破坏的结果来看，坝体和地基取损伤模型，结果更贴近实际震情。

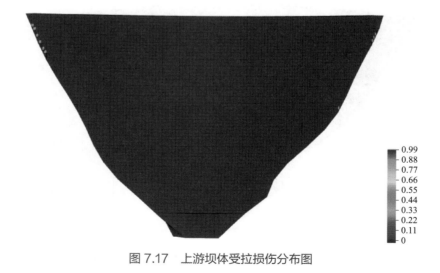

图 7.17　上游坝体受拉损伤分布图

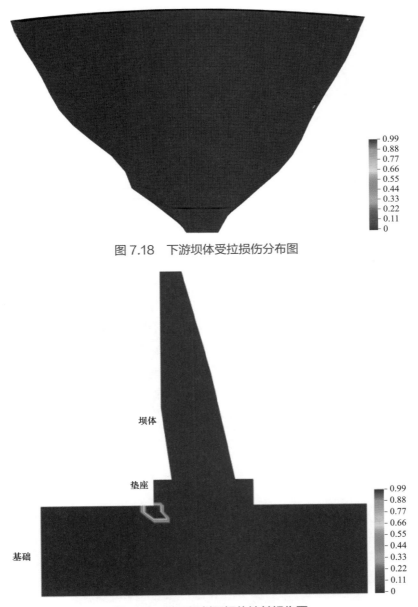

图 7.18　下游坝体受拉损伤分布图

图 7.19　拱冠梁剖面坝体地基损伤图

7.3　高重力坝坝体–钢筋相互作用的地震损伤分析及安全评价

如图 7.20 所示，坝体折坡位置出现裂缝是重力坝典型的地震破坏模式。中国的新丰江重力坝在 1962 年以及印度的柯依那重力坝在 1967 年遭受的地震中折坡位置都出现了上下游贯穿性裂缝。抗震钢筋已应用于我国强震区重力坝坝体抗震设计。以西部强震区某高重力坝为例，进行了高混凝土坝坝体–钢筋相互作用的地震损伤分析及安全评价。

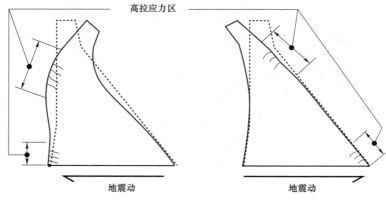

图 7.20　强震作用下重力坝高拉应力区分布

7.3.1　有限元模型

　　有限元模型如图 7.21、图 7.22 所示。模型中采用 8 节点块体单元进行剖分，坝体单元尺寸约为 2m，节点数 92700，单元数 81594，总自由度数 278100。地基模拟范围为：上、下游方向自坝踵、坝趾部位分别向上下游延伸 2 倍最大坝高；深度方向自最低建基面向下 2 倍最大坝高。钢筋模型如图 7.23 所示，钢筋直径 40mm，在顺河向和横河向间距分别为 500mm 和 250mm。静力荷载为自重、水荷载等，顺河向和竖向峰值加速度为 0.482g，归一化后的地震波时程如图 7.24 所示。

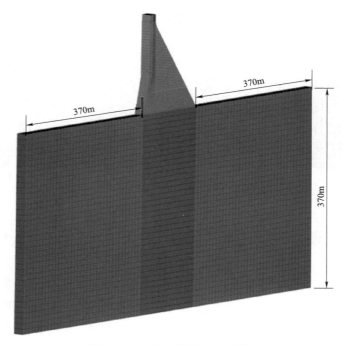

图 7.21　坝体−地基有限元模型

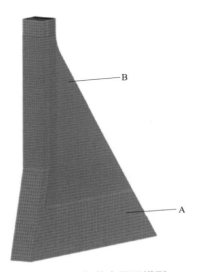

图 7.22　坝体有限元模型

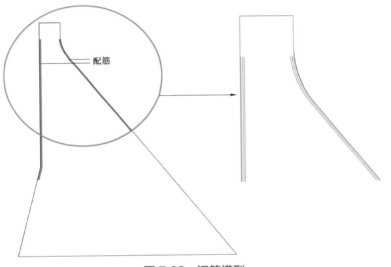

配筋

图 7.23　钢筋模型

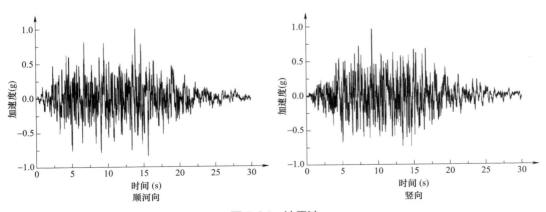

图 7.24　地震波

混凝土材料参数见表 7.2。混凝土的损伤演化关系如图 7.25 和图 7.26 所示。基岩密度 ρ=2400kg/m³，静动变形模量为 E=10.5GPa，泊松比 v=0.33。

表 7.2　　　　　　　　　　　　混 凝 土 材 料 参 数

分区	密度（kg/m³）	静态模量（GPa）	动态模量（GPa）	泊松比
A	2400	28.0	42.00	0.167
B	2400	25.5	38.25	0.167

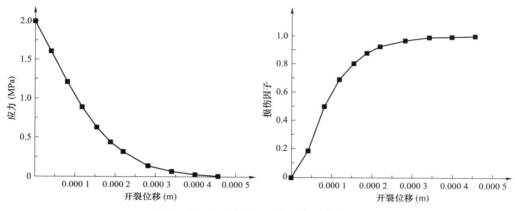

图 7.25　分区 A 混凝土损伤演化关系

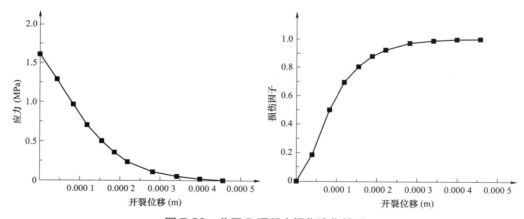

图 7.26　分区 B 混凝土损伤演化关系

7.3.2　计算方案

第一步，进行线弹性分析得到坝体应力分布；第二步，对比有无钢筋的工况，进行重力坝损伤开裂分析，评价配筋的影响。

7.3.3　计算结果及其分析

（1）线弹性分析

图 7.27 所示坝体最大主应力极值图，表 7.3 所列为坝体典型位置的最大主应力数值。坝踵和坝体上下游折坡处的最大主应力数值超过混凝土强度，坝体裂缝可能发生，线弹性分析不再适用。

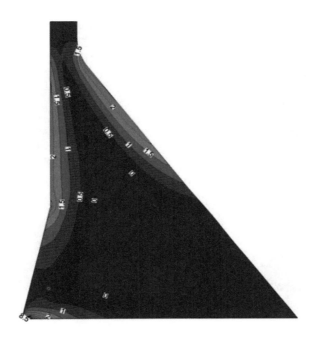

图 7.27　坝体最大主应力极值

表 7.3　　　　　　　　　　　　典型位置最大主应力数值

位置	坝踵	上游折坡点	下游折坡点
最大主应力数值（MPa）	18.75	3.13	2.78

（2）损伤开裂分析

图 7.28 所示为不同时刻有无配筋工况对应的坝体损伤分布。坝体裂缝起始于下游折坡位置，钢筋限制了坝体下游折坡位置的裂缝向上游继续扩展。与无配筋工况相比，钢筋阻碍了下游折坡高程以上独立块体的形成，相应地，下游面处混凝土损伤范围有所扩大。与无配筋工况相比，上游折坡部位的裂缝向下游扩展了 16.3m，反映了在开裂过程中从区域 C 到区域 D 的能量释放转移过程。

图 7.29 所示为上下游折坡处的钢筋应力时程，显示出在坝体出现损伤后，拉应力明显增大，体现了荷载转移到钢筋承担的过程。

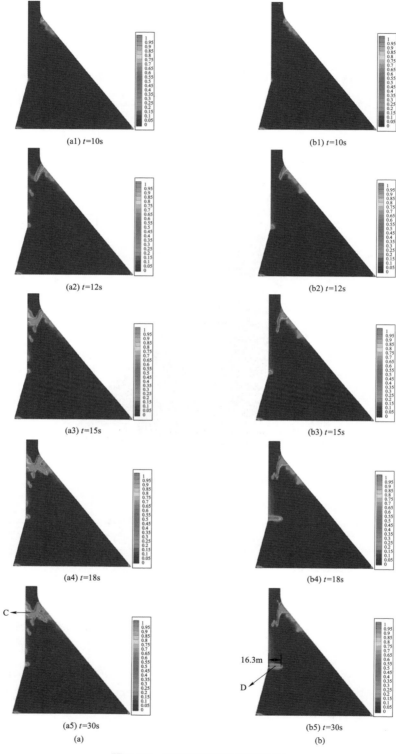

图 7.28　不同时刻坝体损伤分布

（a）无钢筋；（b）有钢筋

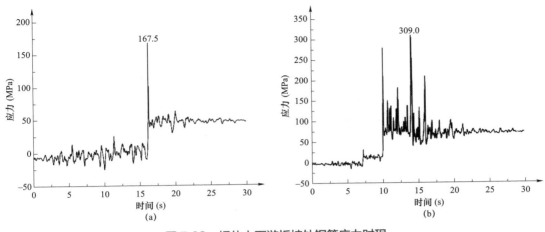

图 7.29　坝体上下游折坡处钢筋应力时程
（a）上游折坡；（b）下游折坡

7.4　基于震后静力抗滑稳定的高重力坝抗震分析及安全评价

7.4.1　关于最大可信地震（MCE）下重力坝安全评价标准

　　国内外大坝抗震设计相关规范、导则中，都将最大可信地震作用下的设防目标定性规定为"不出现不可控的库水失控下泄"（不溃坝）。由于地震作用、大坝非线性分析理论和计算模式及结构抗力诸方面的不确定因素，目前阶段，尽管国内外相关学者都在开展有关大坝各种潜在的破坏模式以及与"不溃坝"定性设防目标相应的定量评价指标的研究工作，但尚无可普遍接受的准则。

　　目前，MCE 下国内重力坝的安全评价多以坝体中上部的头部折破部位出现贯穿性开裂为标准的。这是以截至 2020 年世界范围仅有的三座百米以上混凝土重力坝［印度的柯依那、中国的新丰江、伊朗的赛菲路德（Sefidrud）］在地震中均在头部折坡附近出现贯穿性开裂为依据而提出的。事实上，即便重力坝上部出现贯穿性开裂，暂时影响大坝正常蓄水功能，但并不会发生"不可控的库水失控下泄"，震后经修复加固后可继续正常发挥应有功能。总体而言，如图 7.30 所示，重力坝的地震失稳破坏模式大致可分为大坝地震过程中或震后沿层面的滑动失稳以及沿着坝基或者坝基下存在的深层滑动组合导致大坝整体滑动失稳两种主要形式。

　　在美国的相应规范、导则中的重力坝 MCE 下的安全评价中，推荐采用震后静力稳定（POST EARTHQUAKE STABILITY ANALYSIS）结果来评价其抗震安全性。其基本做法是采用层面或建基面接触非线性模型进行大坝有限元时间历程法分析，给出缝面开裂、滑移等破坏状态，据此确定震后缝面的残余抗剪强度和扬压力的变化，而后进行大坝的静力稳定复核，要求其抗滑稳定安全系数不小于 1.3。

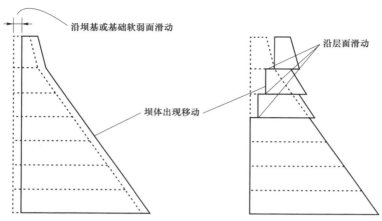

图 7.30 重力坝地震滑动破坏模式

以我国西部强震区某高重力坝为例，进行了基于震后静力抗滑稳定的高重力坝抗震稳定分析及安全评价。

7.4.2 有限元模型

图 7.31 所示为坝体−地基有限元模型，图 7.32 所示为坝体有限元模型，图 7.33 所示为坝体缝位置，包括坝体上、下游折坡对应层面和建基面。静力荷载为自重、水荷载、淤沙荷载等，设计地震基岩水平峰值加速度取 338gal，最大可信地震基岩水平峰值加速度取 397gal，竖向峰值加速度取水平向的 2/3。图 7.34 所示为归一化后的地震波时程。

图 7.31 坝体−地基有限元模型

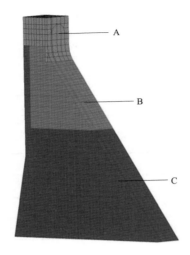

图 7.32　坝体有限元模型（不同颜色表示不同材料分区，命名为 A、B、C）

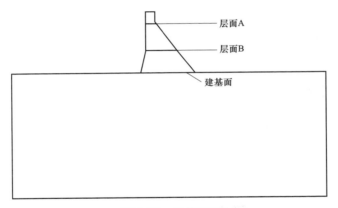

图 7.33　缝位置图

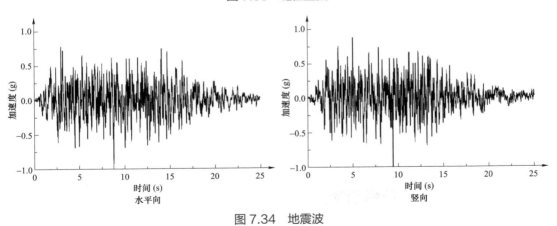

图 7.34　地震波

混凝土材料参数见表 7.4。基岩密度 $\rho=2400\text{kg/m}^3$，静动变形模量为 $E=10\text{GPa}$，泊松比 $\nu=0.26$。缝面强度参数见表 7.5。

表7.4　　　　　　　　　　　　　混凝土材料参数

分区	密度（kg/m³）	静态模量（GPa）	动态模量（GPa）	泊松比
A	2400	22.4	33.6	0.167
B	2400	15.4	23.1	0.167
C	2400	17.9	26.8	0.167

表7.5　　　　　　　　　　　　　缝面强度参数

缝面	层面 A	层面 B	建基面
抗拉强度 σ_t（MPa）	1.61	1.61	2.00
摩擦系数 f	1.05	1.05	1.09
黏聚力 c（MPa）	1.50	1.50	1.09

7.4.3　计算方案

采用非线性时程分析方法计算设计地震、最大可信地震、地震超载工况下的重力坝抗震稳定性。

7.4.4　计算结果及其分析

（1）设计地震计算结果及评价

图 7.35 所示为缝面破坏范围分布。三条缝均发生了局部破坏，但未形成上下游贯通性破坏。

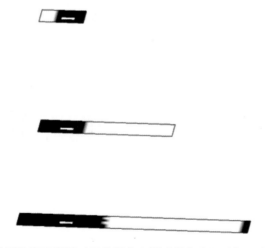

图 7.35　设计地震作用下缝面破坏范围分布图（黑色表示破坏，白色表示未破坏）

（2）最大可信地震计算结果及评价

图 7.36 所示为缝面破坏范围分布。层面 A 出现上下游贯通性破坏，其余两条缝均为

局部破坏。图 7.37 所示为层面 A 错动量时程，最大错动量 0.70cm，地震结束后保持稳定，残余错动量 0.59cm。

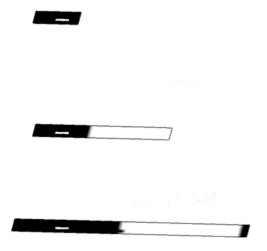

图 7.36　校核地震作用下缝面破坏范围分布图（黑色表示破坏，白色表示未破坏）

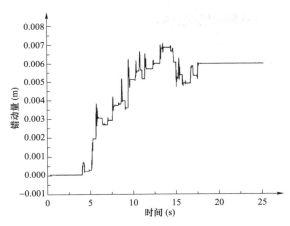

图 7.37　层面 A 上游缝端错动时程

　　由于层面 A 出现轻微整体错动，因此对层面 A 震后静力抗滑稳定进行核算。缝面力学参数应取为残余强度，即摩擦系数取为峰值强度的 0.9 倍，凝聚力取为 0MPa。层面 A 震后残余错动量仅为 0.59cm，远小于大坝排水孔直径 15cm 的 30%（4.5cm），认为其排水功能当可维持正常工作。考虑到缝面已发生整体滑动，核算中缝面扬压力取值如下：排水孔前缝面扬压力取上游水头，排水孔后缝面扬压力取为 0.2 倍上游水头。表 7.6 可见，层面 A 静力抗滑稳定安全系数为 3.46，远大于 1.3。

表 7.6　　　　　　　　　　　　　层面 A 震后静力抗滑稳定验算表

水平合力（N）	竖向合力（N）	摩擦系数	安全系数
76849542	281116602	0.945	3.46

（3）地震超载计算结果及评价

图 7.38 所示为 1.3 倍设计地震作用下缝面破坏范围，层面 A 出现上下游贯通性破坏，其余两条缝均为局部破坏。图 7.39 所示为 1.3 倍设计地震层面 A 上游缝端错动时程，最大错动量 1.22cm，地震结束后残余错动量 1.15cm。

图 7.38　1.3 倍设计地震作用下缝面破坏范围分布图（黑色表示破坏，白色表示未破坏）

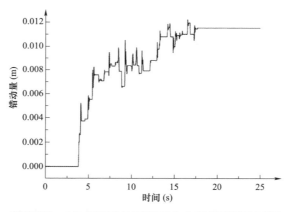

图 7.39　1.3 倍设计地震层面 A 上游缝端错动时程

图 7.40 所示为 1.4 倍设计地震作用下缝面破坏范围，层面 A 和层面 B 出现上下游贯通性破坏。图 7.41 所示为 1.4 倍设计地震层面 A 上游缝端错动时程，最大错动量 2.19cm，地震结束后残余错动量 2.12cm。图 7.42 所示为 1.4 倍设计地震层面 B 缝上游缝端错动时程，最大错动量 4.10cm，地震结束后残余错动量 4.08cm，小于大坝排水孔直径 15cm 的 30%（4.5cm），认为其排水功能当可维持正常工作。考虑到缝面已发生整体滑动，核算中缝面扬压力取值如下：排水孔前缝面扬压力取上游水头，排水孔后缝面扬压力取为 0.2 倍上游水头。表 7.7 可见，层面 B 静力抗滑稳定安全系数为 1.54，大于 1.3。

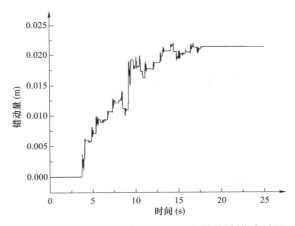

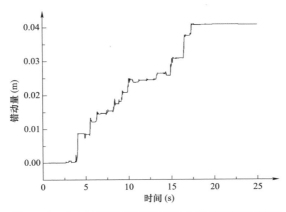

图 7.40 1.4 倍设计地震作用下缝面破坏范围分布图（黑色表示破坏，白色表示未破坏）

图 7.41 1.4 倍设计地震层面 A 上游缝端错动时程

图 7.42 1.4 倍设计地震层面 B 上游缝端错动时程

表 7.7　　　　　　　　　　　　　层面 B 震后静力抗滑稳定验算表

水平合力（N）	竖向合力（N）	摩擦系数	安全系数
1 018 136 504	1 659 966 336	0.945	1.54

　　图 7.43 所示为 1.5 倍设计地震作用下缝面破坏范围，层面 A 和层面 B 出现上下游贯通性破坏。图 7.44 所示为 1.5 倍设计地震层面 A 上游缝端错动时程，最大错动量 4.07cm，地震结束后残余错动量 3.84cm。图 7.45 所示为 1.5 倍设计地震层面 B 上游缝端错动时程，最大错动量 5.42cm，地震结束后残余错动量 5.39cm，已超过排水孔孔径的 30%（4.5m），排水功能可能失效。按照缝面扬压力全部取为全水头计算，该缝面的震后静力稳定安全系数仅为 0.47，不能满足安全要求。

图 7.43　1.5 倍设计地震作用下缝面破坏范围分布图（黑色表示破坏，白色表示未破坏）

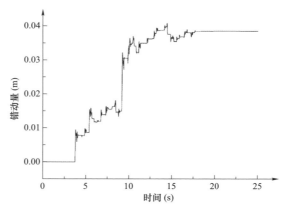

图 7.44　1.5 倍设计地震层面 A 上游节点对错动时程

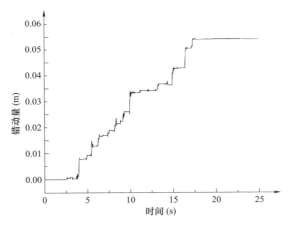

图 7.45   1.5 倍设计地震层面 B 上游节点对错动时程

7.5   高拱坝地震损伤分析及安全评价

强震作用下拱坝横缝将发生张开，从而导致拱应力的释放和梁应力的增加。当梁应力超过混凝土强度时，坝体可能会出现水平裂缝。一旦出现贯穿性水平缝，形成的块体存在失稳风险。应力分析不足以反映坝体的开裂程度，不再适用。因此，需要将坝体的横缝非线性与坝体损伤开裂相互耦合。

以我国西部强震区某高拱坝为例，建立了精细的拱坝–地基有限元模型，考虑了坝体损伤、横缝张开、地基辐射阻尼等因素，应用高性能并行计算手段研究了坝体的地震损伤开裂。

7.5.1   有限元模型

坝体及近域地基建模有限元网格图如图 7.46 所示，模型中坝体单元尺寸在 2m 左右，沿坝体厚度方向分 20 份，模型节点总数为 1 175 198 个，单元总数为 1 083 392 个，其中坝体节点 411 474 个，坝体单元 352 000 个。体系总自由度数约 352 万。图 7.47 为坝体网

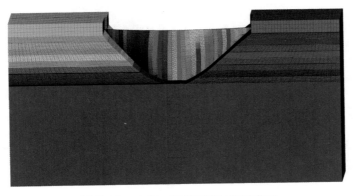

图 7.46   大坝–地基系统有限元模型

格上游视图，图 7.48 为坝体网格下游视图，按照大坝实际横缝布置模拟了所有横缝，如图 7.49 所示。静力荷载为自重、水荷载、温度荷载等，地震荷载基岩水平峰值加速度取 $0.428g$，竖向峰值加速度取水平向的 2/3，图 7.50 所示为归一化后的地震波时程。

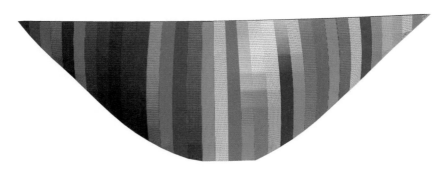

图 7.47　大坝有限元模型（上游视图）

图 7.48　大坝有限元模型（下游视图）

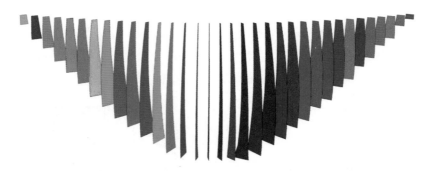

图 7.49　横缝布置图

混凝土密度 2400kg/m³，静态弹模 21GPa，泊松比 0.167，动态弹性模量较静态弹性模量提高 50%。混凝土动态抗拉强度取为 3.22MPa，断裂能 399N/m，混凝土损伤演化关系如图 7.51 所示。基岩密度 2700kg/m³，基岩变形模量按照高程确定，动态变形模量与静态模量一致。

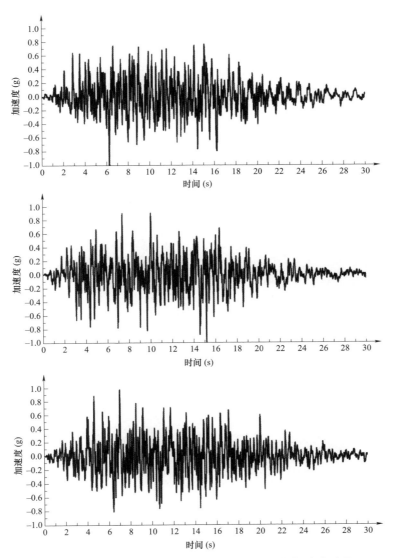

图 7.50　横河向、顺河向、竖向地震波归一化加速度时程

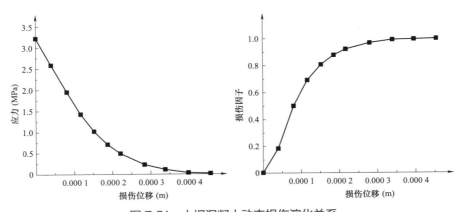

图 7.51　大坝混凝土动态损伤演化关系

7.5.2　计算方案

采用非线性时程分析方法计算设计地震、最大可信地震、地震超载工况下的高拱坝地震损伤分布。

7.5.3　计算结果及其分析

（1）设计地震计算结果及评价

图 7.52 所示分别为设计地震作用下上、下游坝面和拱冠梁剖面损伤分布。除坝踵位置外，坝体下游中上部高程出现轻微损伤。

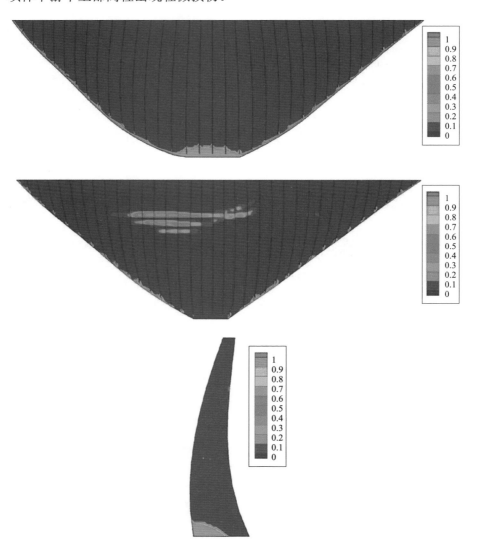

图 7.52　设计地震作用下上下游面及拱冠梁剖面损伤分布

（2）最大可信地震计算结果及评价

图 7.53 所示分别为最大可信地震作用下上、下游坝面和拱冠梁剖面损伤分布。除坝踵位置外，坝体下游中上部高程出现范围较大的损伤。

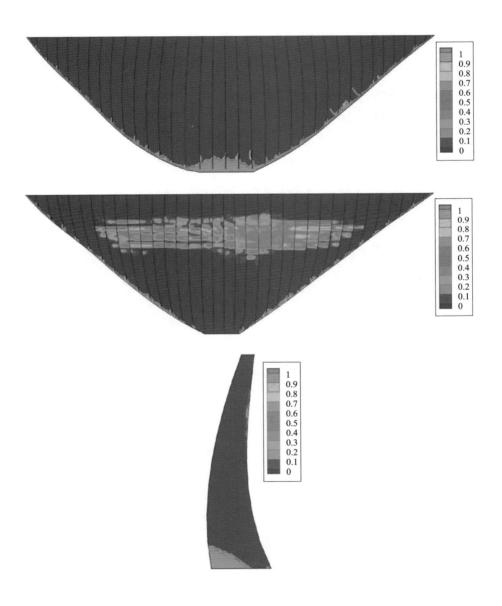

图 7.53　最大可信地震作用下上下游面及拱冠梁剖面损伤分布

（3）地震超载计算结果及评价

地震超载倍数定义为地震超载时的峰值加速度与设计地震峰值加速度的比值。图 7.54～图 7.58 为地震超载倍数 1.3～1.9 时的大坝坝体上、下游坝面和拱冠梁剖面及典型剖面损伤分布图。超载倍数 1.9 时，21 号坝段中上部高程出现梁向上下游贯穿性损伤开裂。

以大坝坝体出现贯穿性宏观裂缝为判别依据，大坝达到极限抗震能力的地震超载倍数介于 1.8～1.9，可偏于安全地取为 1.8 倍。

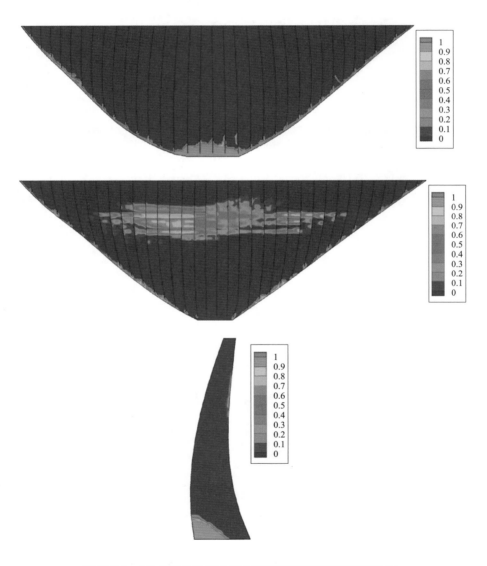

图 7.54　1.3 倍设计地震大坝上下游面拱冠梁剖面损伤分布

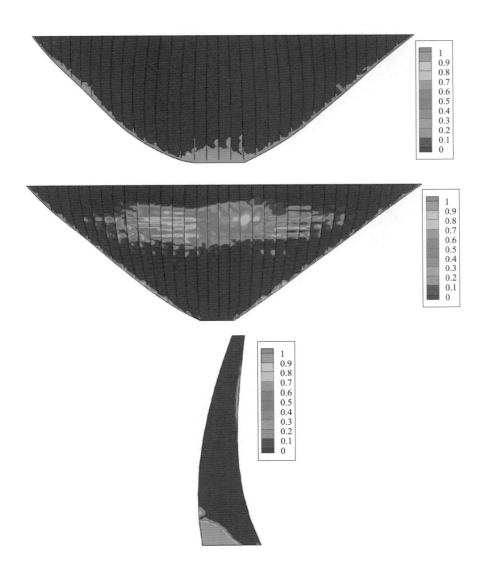

图 7.55　1.5 倍设计地震大坝上下游面拱冠梁剖面损伤分布

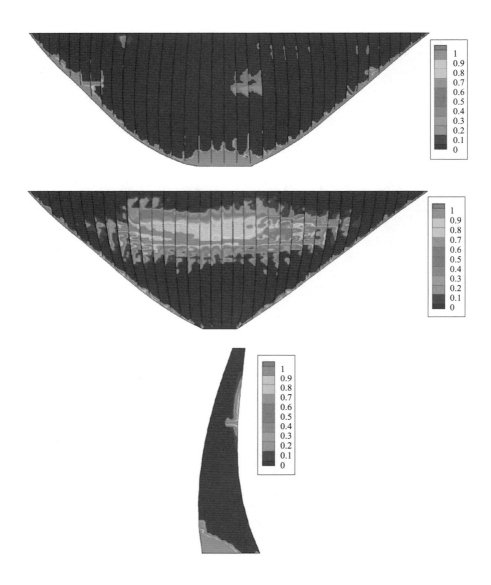

图 7.56　1.7 倍设计地震大坝上下游面拱冠梁剖面损伤分布

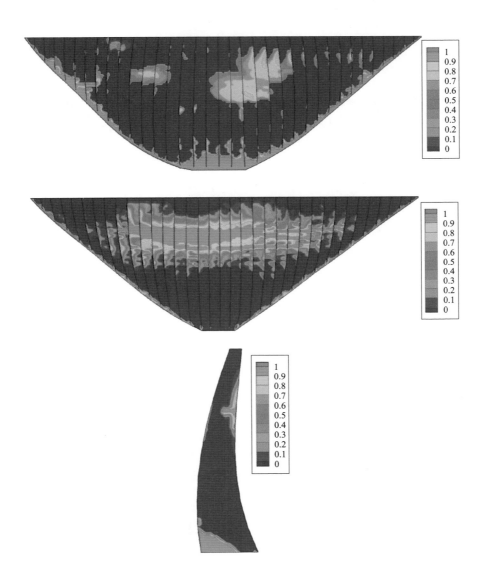

图 7.57 1.8 倍设计地震大坝上下游面拱冠梁剖面损伤分布

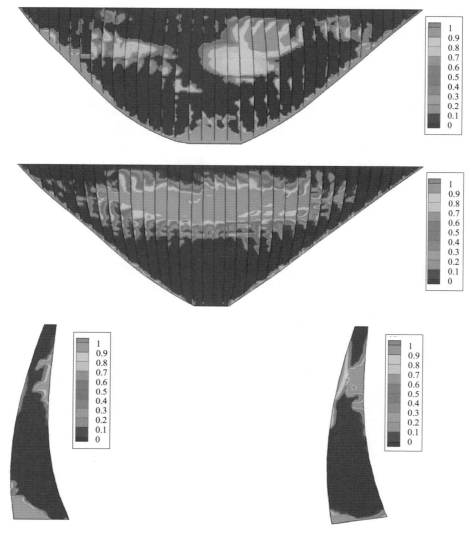

图 7.58　1.9 倍设计地震大坝上下游面拱冠梁剖面、21 号梁剖面损伤分布

7.6　高拱坝－坝肩滑块－地基系统抗震稳定分析及安全评价

刚体极限平衡法是分析拱坝坝肩岩体稳定的传统方法，概念简单，应用简便，加之在长期的工程设计中积累了丰富的实践经验，也形成了与之配套的安全评价的工程标准，所以目前仍是我国拱坝设计规范中规定采用的基本方法。然而，对于坝肩的抗震稳定问题，由于地震为高度往复作用的荷载，即使在地震的某一瞬间滑动岩体达到极限平衡状态，也并不意味着必然会失稳，这也是基于刚体极限平衡分析所不能合理反映的。

拱坝－坝肩滑块－地基系统抗震稳定分析方法将整个拱坝坝体、坝肩滑块、地基系统的强震反应本质上作为满足体系中接触面边界约束条件的非线性波动问题，同时考虑了以下各项因素的影响，包括在地震作用过程中坝体和地基的动态响应；坝体与地基相互之间的动态变形耦合作用；坝体横缝、坝肩可能滑动岩体的边界等接缝的局部开合与滑移。鉴于体系的整体失稳必然是一个包括各部分局部开裂和滑移在内的总变形逐步发展和积累的过程，最终反映在坝体位移反应的突然迅速增长，导致坝体丧失承载能力而溃决。因此评价包括坝体和坝肩岩体在内的整个体系的失稳，可以采用坝体或基岩典型部位变形随地震作用的变化曲线上出现拐点作为大坝地基系统整体安全度的评价指标。

以我国西部强震区某 300m 级高拱坝为例，采用非线性有限元时程法研究高拱坝−坝肩滑块−地基系统的抗震稳定。

7.6.1 有限元模型

图 7.59 所示为坝体−坝肩滑块−地基模型，图 7.60 所示为坝体−坝肩滑块模型，图 7.61 所示为左岸坝肩滑块，由 F17、LS3318、LS331、上游拉裂面构成，图 7.62 所示为右岸坝肩滑块，由 f222、F18、C4、C3−1、上游拉裂面构成。其中，左岸坝肩 1 个滑块，右岸坝肩 4 个滑块。静力荷载为自重、水荷载、温度荷载等，设计地震基岩水平峰值加速度取 406gal，最大可信地震基岩水平峰值加速度取 481gal，图 7.63 所示为归一化后的地震波时程。

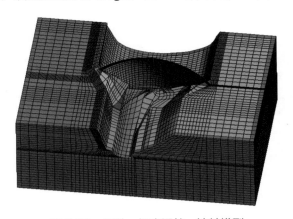

图 7.59　坝体−坝肩滑块−地基模型

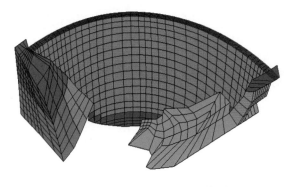

图 7.60　坝体−坝肩滑块模型

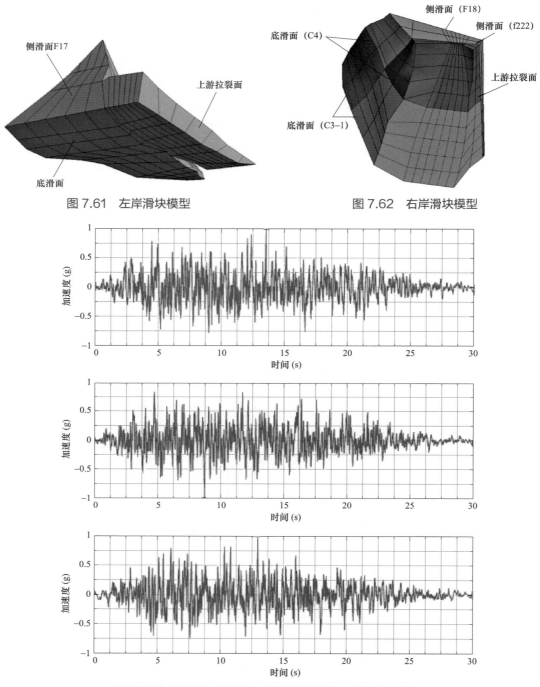

图 7.61　左岸滑块模型　　　　　　　　　图 7.62　右岸滑块模型

图 7.63　横河向、顺河向、竖向地震波归一化加速度时程

混凝土密度 2400kg/m³，静态弹模 24GPa，泊松比 0.167，线胀系数 6.5×10⁻⁶/℃，动态弹性模量较静态弹性模量提高 50%。基岩密度 2700kg/m³，基岩泊松比为 0.26，基岩变形模量按照高程确定，动态变形模量与静态模量一致。坝肩滑块参数如表 7.8 所示。

表 7.8 坝 肩 滑 块 参 数

位置		抗剪强度		抗拉强度σ_t（MPa）
		摩擦系数 f	黏聚力 c（MPa）	
左岸	侧滑面（F17）	0.469	0.137	0.0
	底滑面	0.700	1.870	0.0
	上游拉裂面	1.1	1.2	0.87
坝基交界面		1.15	1.10	3.42
右岸	底滑面（C4）	0.27	0.076	0.0
	底画面（C3－1）	0.432	0.193	0.0
	上游拉裂面	1.1	1.2	0.87
	侧滑面（F18）	0.42	0.09	0.0
	侧滑面（f222）	0.48	0.14	0.0

7.6.2 计算方案

采用非线性时程分析方法计算设计地震、最大可信地震、地震超载工况下的高拱坝–坝肩滑块–地基系统抗震稳定性。

7.6.3 计算结果及其分析

图 7.64 所示为拱冠、左拱端、右拱端位移输出位置示意图，图 7.65 所示为左、右岸滑块底滑面特征点位置示意图。

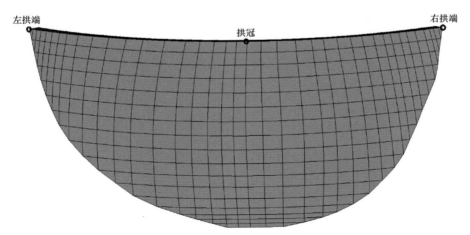

图 7.64 左拱端、拱冠、右拱端位移输出位置示意图

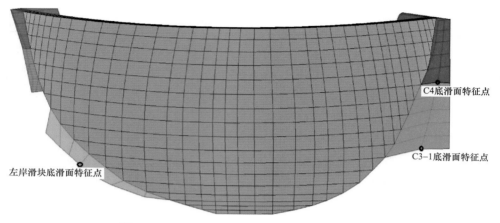

图 7.65　左、右岸滑块底滑面特征点位置示意图

（1）设计地震计算结果及评价

图 7.66～图 7.68 所示为设计地震作用下左、右岸坝肩滑块底滑面滑动时程，图 7.69～图 7.70 所示为设计地震作用下坝顶左、右拱端位移时程。从图 7.66～图 7.68 可以看出，

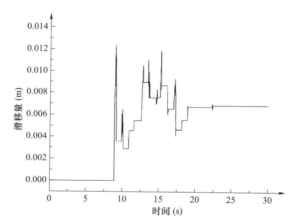

图 7.66　设计地震作用下左坝肩滑块底滑面滑移时程

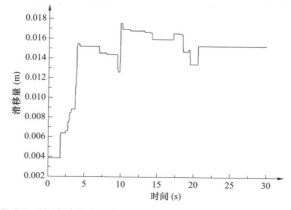

图 7.67　设计地震作用下右坝肩滑块底滑面（C4）滑移时程

设计地震作用下左右岸坝肩滑块底滑面滑动位移呈现逐渐积累的过程。地震结束后，滑块保持稳定，最终滑移量小于 1.8cm。从图 7.69～图 7.70 可以看出，地震结束后，坝顶左、右岸拱端位移基本回到静态平衡位置。因此，认为坝体-地基系统是安全的。

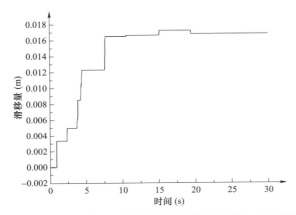

图 7.68　设计地震作用下右坝肩滑块底滑面（C3-1）滑移时程

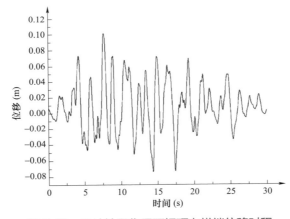

图 7.69　设计地震作用下坝顶左拱端位移时程

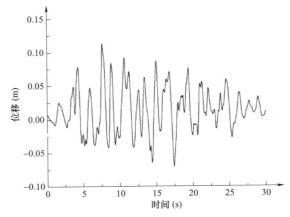

图 7.70　设计地震作用下坝顶右拱端位移时程

（2）最大可信地震计算结果及评价

图 7.71～图 7.73 所示为最大可信地震作用下左、右岸坝肩滑块底滑面滑动时程，图 7.74 和图 7.75 所示为最大可信地震作用下坝顶左、右拱端位移时程。从图 7.71～图 7.73 可以看出，最大可信地震作用下滑块滑移量小于 2.5cm，较设计地震有小幅增长。地震结

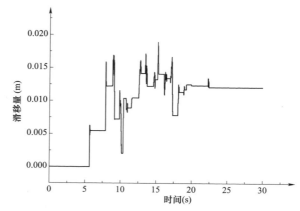

图 7.71 最大可信地震作用下左坝肩滑块底滑面滑移时程

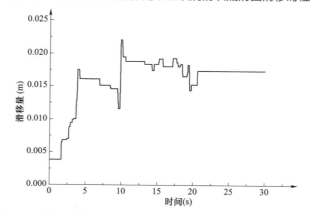

图 7.72 最大可信地震作用下右坝肩滑块底滑面（C4）滑移时程

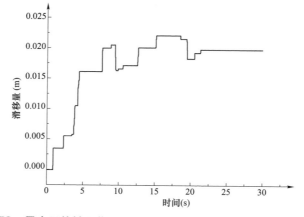

图 7.73 最大可信地震作用下右坝肩滑块底滑面（C3-1）滑移时程

束后，滑块保持稳定。从图 7.74 和图 7.75 可以看出，最大可信地震作用下尽管坝顶左右岸拱端最大位移较设计地震工况有所增加，震后仍然回到了静力平衡位置。因此，认为最大可信地震作用下没有发生位移突变，坝体－地基系统的工作状态未发生转折性变化，满足不溃坝的设防目标。

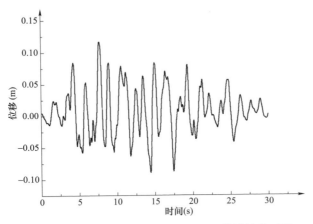

图 7.74　最大可信地震作用下坝顶左拱端位移时程

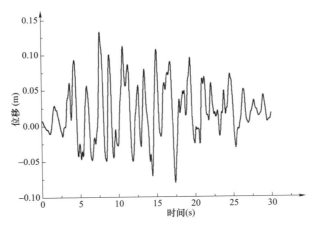

图 7.75　最大可信地震作用下坝顶右拱端位移时程

（3）地震超载计算结果及评价

地震作用的超载分析，主要是找出设计地震波超载倍数与坝体以及坝肩滑块非线性位移关系曲线中突变点，以此来判定拱坝－地基系统的整体抗震安全系数。

图 7.76 所示为超载倍数与左坝肩滑块底滑面滑移量关系曲线，图 7.77 所示为超载倍数与右坝肩滑块底滑面（C4）滑移量关系曲线，图 7.78 所示为超载倍数与右坝肩滑块底滑面（C3－1）滑移量关系曲线，图 7.79 所示为超载倍数 1.8 时坝顶左拱端位移时程，图 7.80 所示为超载倍数 1.8 时坝顶右拱端位移时程。随着超载倍数的增加，左坝肩滑块底滑面和右坝肩滑块底滑面（C3－1）滑移量逐渐增加，没有发生突变。超载倍数 1.8 时，

右坝肩滑块底滑面（C4）滑移量突然增加，震后滑块呈不稳定状态。由于右坝肩滑块产生了过大滑移，坝顶右坝肩位移相对于静态平衡位置出现一个明显的偏离。因此，认为位移拐点出现，坝体-地基体系工作状态发生了改变，偏于安全地认为大坝-地基系统的抗震稳定地震超载倍数为 1.7。

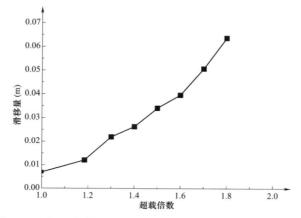

图 7.76　超载倍数与左坝肩滑块底滑面最终滑移量关系曲线

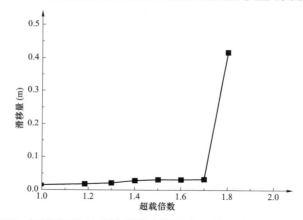

图 7.77　超载倍数与右坝肩滑块底滑面（C4）最终滑移量关系曲线

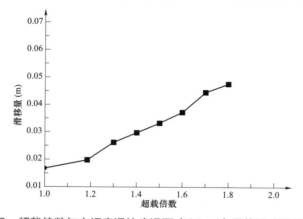

图 7.78　超载倍数与右坝肩滑块底滑面（C3-1）最终滑移量关系曲线

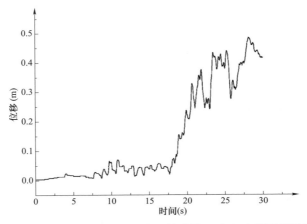

图 7.79　超载倍数 1.8 时右坝肩滑块底滑面（C4）滑动位移时程

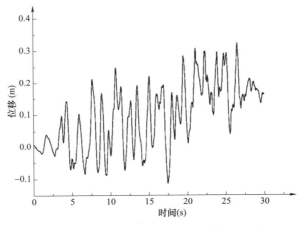

图 7.80　超载倍数 1.8 时坝顶右拱端位移时程

参 考 文 献

[1] Indian COLD. Major dams in India，Koyna Dam［C］. New Delhi，1979.

[2] Ram P Sharma，Brain T Sasaki. Rehabilitation of Earthquake−Shaken Pacoima Arch Dam，Q51 ［C］. ICOLD 16th Congress on Large Dams. Lausanne，1985.

[3] Ram P Sharma，Harry E Jackson，Sree Kumar. Effects of the Northridge Earthquake on Pacoima Arch Dam and Interim Remedial Repairs，Q75［C］. ICOLD 20th Congress on Large Dams. Florence，January，1994.

[4] 陈厚群. 混凝土高坝强震震例分析和启迪［J］. 水利学报，2009，40（1）：10−18.

[5] 张楚汉，金峰，王进廷，等. 高混凝土坝抗震安全评价的关键问题与研究进展［J］. 水利学报，2016，47（3）：253−264.

[6] Chuhan Z，Chongbin Z. Effects of canyon topography and geological conditions on strong ground motion［J］. Earthquake Engineering and Structural Dynamics，1988，16（1）：81−97.

[7] Chopra A K，et al. Modeling of dam−foundations interaction in analysis of arch dams［C］. Proc. 10th WCEE. Madrid，1992.

[8] Dominguez J，et al. Model of the seismic analysis of arch dams including interaction effects ［C］. Proc. 10th WCEE. Madrid，1992.

[9] Zhang C，Jin F，Pekau O A. Time domain procedure of FE−BE−IBE coupling for seismic interaction of arch dams and canyons［J］. Earthquake Engineering & Structural Dynamics，1995，24（12）：1651−1666.

[10] 涂劲. 有缝界面的混凝土高坝−地基体系非线性地震波动反应分析［D］. 北京：中国水利水电科学研究院博士论文，1999.

[11] 张伯艳. 高拱坝坝肩抗震稳定研究［D］. 西安理工大学，2005.

[12] 杜修力，赵密. 基于黏弹性边界的拱坝地震反应分析方法［J］. 水利学报，2006，37（9）：1063−1069.

[13] 钟红. 高拱坝地震损伤破坏的大型数值模拟［D］. 大连：大连理工大学博士论文，2008.

[14] Hall J F，Chopra A K. Dynamic Analysis of Arch Dams Including Hydrodynamic Effects［J］. Journal of Engineering Mechanics，1983，109（1）：149−167.

[15] Tan H，Chopra A K. Earthquake analysis of arch dams including dam−water−foundation rock interaction［J］. Earthquake Engineering & Structural Dynamics，2010，24（11）：1453−1474.

[16] 赵兰浩，李同春，牛志伟. 不同库水模型对拱坝横缝开度的影响［J］. 水力发电学报，2010，29（3）：154−158.

[17] Yusof Ghanaat，Houqun Chen et al. Measurement and prediction of dam−water−foundation interaction at Longyangxia dam［R］. QUEST Structures，dam−water−foundation interaction at

Longyangxia Dam. Orinda, California. U. S. A., 1999.

[18] 陈厚群. 高混凝土坝抗震设计面临的挑战 [J]. 水电与抽水蓄能, 2017（2）: 1-13.

[19] 林皋. 大坝抗震分析与安全评价 [J]. 水电与抽水蓄能, 2017（2）: 14-27.

[20] Ghanaat Y. Failure modes approach to safety evaluation of dams [C], Proceedings of the 13th World Conference on Earthquake Engineering, Vancouver, Canada, 2004.

[21] R. W. Clough. Nonlinear mechanisms in the seismic response of arch dams [C]. In: Proceedings of the international research conference earthquake Engineering, Skopje, Yugoslavia, 1980, pp. 669-684.

[22] A. Niwa, R. W. Clough. Nonlinear seismic response of arch dams [J], Earthquake Engineering and Structural Dynamic, 1982（10）: 267-281.

[23] Dowling M J. Nonlinear seismic analysis of arch dams [R], Report No. EERL-87/03. Earthquake Engineering Research Laboratory, California Institute of Technology, 1987.

[24] G. L. Fenves, S. Mojtahedi, R. B. Reimer. Effect of contraction joints on earthquake response of an arch dam [J], Journal of Structural Engineering., ASCE 1992, 118（4）: 1039-1055.

[25] 陈厚群, 李德玉, 胡晓, 侯顺载. 有横缝拱坝的非线性动力模型试验和计算分析研究 [J]. 地震工程与工程振动, 1995, 15（4）: 10-26.

[26] C. H. Zhang, Y. J. Xu, G. L. Wang, F. Jin. Nonlinear seismic response of arch dams with contraction joint opening and joint reinforcements [J], Earthquake Engineering and Structural Dynamics. 2000, 29（10）: 1547-1566.

[27] 徐艳杰, 张楚汉, 王光纶, 等. 小湾拱坝模拟实际横缝间距的非线性地震反应分析 [J]. 水利学报, 2001（4）: 68-74.

[28] D. T. Lau, B. Noruziaan, A. G. Razaqpur. Modelling of contraction joint and shear sliding effects on earthquake response of arch dams [J], Earthquake Engineering & Structural Dynamics. 2015, 27（10）: 1013-1029.

[29] 杜成斌, 赵光恒. 带横缝拱坝的非线性地震响应 [J]. 水利学报, 1996,（5）: 22-28.

[30] 郭永刚, 涂劲, 陈厚群. 高拱坝伸缩缝间布设阻尼器对坝体地震反应影响的研究 [J]. 世界地震工程, 2003, 19（3）: 44-49.

[31] 陈健云, 林皋. 小湾拱坝考虑横缝的非线性分析 [J]. 土木工程学报, 1999, 32（1）: 66-70.

[32] 林皋, 胡志强, 陈健云. 考虑横缝影响的拱坝动力分析 [J]. 地震工程与工程振动, 2004, 24（6）: 45-52.

[33] 龙渝川, 周元德, 张楚汉. 基于两类横缝接触模型的拱坝非线性动力响应研究 [J]. 水利学报, 2005, 36（9）: 1094-1099.

[34] 赵兰浩. 考虑坝体-库水-地基相互作用的有横缝拱坝地震响应分析[D]. 南京: 河海大学, 2006.

[35] 李静, 陈健云, 周晶. 考虑局部切向约束接触问题的直接刚度法 [J]. 计算力学学报, 2006, 23（4）: 459-463.

［36］ Ahmadi M T，Izadinia M，Bachmann H. A discrete crack joint model for nonlinear dynamic analysis of concrete arch dam ［J］. Computers & Structures，2001，79（4）：403－420.

［37］ Arabshahi H，Lotfi V. Nonlinear dynamic analysis of arch dams with joint sliding mechanism ［J］. Engineering Computations，2009，26（5）：464－482.

［38］ Jiang S Y，Du C B，Yuan J W，et al. Effects of shear keys on nonlinear seismic responses of an arch－gravity dam ［J］. Science China Technological Sciences，2011，54（s1）：18－27.

［39］ Guo S S，Liang H，Li D Y，Chen H Q，Liao J X. A comparative study of cantilever－and integral－type dead loads on the seismic responses of high arch dams ［J］. International Journal of Structural Stability and Dynamics，2019，19（3）：1950021－1－21.

［40］ 程恒，张燎军. 强震作用下高拱坝损伤开裂研究 ［J］. 水力发电学报，2011，30（6）：143－147.

［41］ 杜荣强，林皋，陈士海，等. 强地震作用下高拱坝的破坏分析 ［J］. 水利学报，2010，41（5）：567－574.

［42］ Radin Espandar，Vahid Lotfi，and Ghani Razaqpur. Influence of effective parameters of non－orthogonal smeared crack approach in seismic response of concrete arch dams ［J］. Can. J. Civ. Eng，2003，30（5）：890－901.

［43］ Mirzabozorg H，Ghaemian M. Nonlinear behavior of mass concrete in three dimensional problems using a smeared crack approach ［J］. Earthquake Engineering & Structural Dynamics，2010，34（3）：247－269.

［44］ Zhong H，Lin G，Li X，et al. Seismic failure modeling of concrete dams considering heterogeneity of concrete ［J］. Soil Dynamics & Earthquake Engineering，2011，31（12）：1678－1689.

［45］ 张社荣，王高辉，王超. 混凝土重力拱坝极限抗震能力评价方法初探［J］. 工程科学与技术，2012，44（1）：7－12.

［46］ Omidi O，Lotfi V. Earthquake response of concrete arch dams：a plastic－damage approach ［J］. Earthquake Engineering & Structural Dynamics，doi：10. 1002/eqe. 2317.

［47］ Alembagheri M，Ghaemian M. Damage assessment of a concrete arch dam through nonlinear incremental dynamic analysis ［J］. Soil Dynamics and Earthquake Engineering，2013，44（1）：127－137.

［48］ M. A. Hariri－Ardebili，H. Mirzabozorg. A comparative study of seismic stability of coupled arch dam－foundation－reservoir systems using infinite elements and viscous boundary models ［J］. International Journal of Structural Stability & Dynamics，2013，13（06）：223－236.

［49］ Lotfi V，Espandar R. Seismic analysis of concrete arch dams by combined discrete crack and non－orthogonal smeared crack technique ［J］. Engineering Structures，2004，26（1）：27－37.

［50］ Omidi O，Lotfi V. Seismic plasticdamage analysis of mass concrete blocks in arch dams including contraction and peripheral joints［J］. Soil Dynamics and Earthquake Engineering，2017，95：118－137.

［51］ Hariri－Ardebili M A，Kianoush M R. Integrative seismic safety evaluation of a high concrete arch dam [J]. Soil Dynamics and Earthquake Engineering, 2014, 67: 85 - 101.

[52] Pan J W, Zhang C H, Wang J T, et al. Seismic damage - cracking analysis of arch dams using different earthquake input mechanisms [J]. Science in China Series E: Technological Sciences, 2009, 52 (2): 518 - 529.

[53] Chen H Q, Li D Y, Guo S S. Damage - Rupture Process of Concrete Dams Under Strong Earthquakes [J]. International Journal of Structural Stability and Dynamics, 2014, 14 (07): 1450021 - 1 - 21.

[54] Wang J T, Zhang M X, Jin A Y, Zhang C H. Seismic fragility of arch dams based on damage analysis [J]. Soil Dynamics & Earthquake Engineering, 2018, 109: 58 - 68.

[55] 张伯艳, 陈厚群, 杜修力, 张艳红. 拱坝坝肩抗震稳定分析 [J]. 水利学报, 2000 (11): 55 - 59.

[56] Mostafaei H, Gilani M S, Ghaemian M. Stability analysis of arch dam abutments due to seismic loading [J]. *Scientia Iranica*, 2017, 24 (2): 467 - 475.

[57] Chopra A K, Zhang L. Earthquake - induced base sliding of concrete gravity dams [J]. *Journal of Structural Engineering*, 1991, 117 (12): 3698 - 3719.

[58] 涂劲, 李德玉, 陈厚群. 锦屏一级水电站高拱坝整体抗震安全性研究 [J]. 水力发电学报, 2009, 28 (5): 68 - 72.

[59] 涂劲, 李德玉, 陈厚群, 等. 大岗山拱坝 - 地基体系整体抗震安全性研究 [J]. 水利学报, 2011, 42 (2): 152 - 159.

[60] 涂劲, 廖建新, 李德玉, 等. 高拱坝 - 地基系统整体稳定强震破坏机理研究 [J]. 水电与抽水蓄能, 2018, 4 (2): 49 - 55.

[61] 李同春, 朱寿峰, 赵兰浩, 等. 考虑坝体与坝肩动力相互作用的坝肩稳定动接触降强算法 [J]. 水力发电学报, 2012, 31 (1): 89 - 92.

[62] Zenz G, Goldgruber M and Feldbacher R. Seismic stability of a rock wedge in the abutment of an arch dam [J], Geomech. Tunnel, 2012, 5: 186 - 194.

[63] Mirzabozorg H, Varmazyari M, Hoseini M, et al. A Comparative Study of Rock Wedge Stability of an Arch Dam Abutment Subjected to Static and Seismic Loading [J]. Soil Mechanics & Foundation Engineering, 2015, 52 (5): 292 - 300.

[64] 刘晶波, 杜修力. 结构动力学 [M]. 北京: 机械工业出版社, 2005.

[65] 李小军. 非线性场地地震反应分析方法的研究 [D]. 中国地震局工程力学研究所, 1993.

[66] 庄茁, 张帆, 等. ABAQUS 非线性有限元分析与实例 [M]. 北京: 科学出版社, 2004.

[67] 杜修力, 赵密, 王进廷. 近场波动模拟的人工应力边界条件 [J]. 力学学报, 2006, 38 (1): 49 - 56.

[68] LYSMER J, KUHLEMEYER R L. Finite dynamic model for infinite media [J]. Journal of the Engineering Mechanics Division (ASCE), 1969, 95: 759 - 877.

[69] DEEKS A J, RANDOLPH M F. Axisymmetric time - domain transmitting boundary [J]. Journal of Engineering Mechanics. 1994, 120 (1): 25 - 42.

[70] LIU Jing - bo, LU Yan - dong. A direct method for analysis of dynamic soil - structure interaction

based on interface idea [M] //Dynamic Soil – structure Interaction. Beijing: International Academic Publishers, 1997, 258 – 273.

[71] 朱伯芳. 当前混凝土坝建设中的几个问题 [J]. 水利学报, 2009, 40 (1): 1 – 9.

[72] 葛邵卿, 张国新, 喻建清. 自重与初次蓄水对特高拱坝应力的影响 [J]. 水力发电, 2006, 32 (9): 25 – 27.

[73] 郭胜山, 翟恩地, 李德玉, 等. 分缝自重与整体自重对乌东德拱坝动力横缝张开度的影响 [J]. 水电能源科学, 2016, 34 (8): 79 – 82.

[74] 董哲仁. 钢筋混凝土非线性有限元法原理与应用 [M]. 北京: 中国水利水电出版社, 2002.

[75] Ortiz. M. and Popov, E. P. Accuracy and stability of integration algorithms for elastoplastic constitutive relations [J]. International Journal for Numerical Methods in Engineering. 1985, (21): 1561 – 1567.

[76] Simo, J. C. and Taylor, R. L. A returning mapping algorithm for plane stress elastoplasticity [J]. International Journal for Numerical Methods in Engineering, 1986, (2): 649 – 670.

[77] 庄茁. 连续体和结构的非线性有限元 (译) [M]. 北京: 清华大学出版社, 2002.

[78] Jeeho, Lee and Gregory L. Fenves, Plastic – Damage Model for Cyclic Loading of Concrete Structures [J]. Journal of Engineering Mechanics, 1998, 124 (3): 892 – 900.

[79] 江见鲸, 等. 混凝土结构有限元分析 [M]. 北京: 清华大学出版社, 2005.

[80] Bazant Z. P., Mechanics of Fracture and Progressive Cracking in Concrete Structures [M], Fracture Mechanics of Concrete: Structural Application and Numerical Calculation, edited by George C. Sih and A. Ditommaso, Martinus Nijhoff Publishers, 1985.

[81] 于骁中, 等. 岩石和混凝土断裂力学 [M]. 湖南: 中南工业大学出版社, 1991.

[82] Jeeho. Lee and Gregory L. Fenves. A Plastic – Damage Concrete Model for Earthquake Analysis Of Dams [J], Journal of Earthquake Engineering And Structural Dynamics, 1998, 27: 937 – 956.

[83] 陈惠发著, 余天庆等译. 弹性与塑性力学 [M]. 北京: 中国建筑工业出版社, 2004.

[84] Gopalaratnam. V S. and Shah. S. P. Softening Response of Plain Concrete in Direct Tension [J], ACI Journal, 1985 (3): 310 – 323.

[85] 金先龙, 李渊印. 结构动力学并行计算方法及应用 [M]. 北京: 国防工业出版社, 2008.

[86] Schwarz, H. A., Gesammelete Mathematische Abhandlungen [J], Springer, Berlin, 1890. First published in Vierteljahrsschrift der Naturforschenden Gesellschaft in Zurich, 1870, 2 (15): 272 – 186.

[87] 吕涛, 石济民, 林振宝. 区域分解算法 [M]. 北京: 科学出版社, 1992.

[88] 国家超级计算天津中心 TH – 1A 大系统用户手册, 2013.

[89] USACE. Earthquake design and evaluation of concrete hydraulic structures [S], United States Army Corps of Engineers, EM1110 – 2 – 6053, USACE, Washington D. C. 2007.